食品检验检测与加工技术应用

毕　文　何芝菲　廉苇佳　主编

汕頭大學出版社

图书在版编目（CIP）数据

食品检验检测与加工技术应用 / 毕文，何芝菲，廉
苇佳主编. -- 汕头 : 汕头大学出版社，2024．12.
ISBN 978-7-5658-5506-1

Ⅰ. TS207.3；TS205

中国国家版本馆CIP数据核字第202521GM92号

食品检验检测与加工技术应用

SHIPIN JIANYAN JIANCE YU JIAGONG JISHU YINGYONG

主　　编：毕　文　何芝菲　廉苇佳

责任编辑：郑舜钦

责任技编：黄东生

封面设计：刘梦杏

出版发行：汕头大学出版社

　　　　　广东省汕头市大学路 243 号汕头大学校园内　　邮政编码：515063

电　　话：0754-82904613

印　　刷：廊坊市海涛印刷有限公司

开　　本：710mm×1000mm 1/16

印　　张：10.5

字　　数：180 千字

版　　次：2024 年 12 月第 1 版

印　　次：2025 年 2 月第 1 次印刷

定　　价：56.00 元

ISBN 978-7-5658-5506-1

编委会

前　言

随着生活水平的不断提高，人们对高品质生活和食品的要求越来越高，所以食品安全问题就显得尤为重要。食品是维持人类生命体征最重要的东西，对于每个人来说，食品都是不可或缺的。但是现在很多不法商贩为了谋求一己私利，竟然销售有害食品，从不考虑有害食品流入市场会对社会造成的重大影响，食品的好坏严重影响着人们的健康状态。另外，我国还有很大一部分食品远销海外，所以对食品安全进行强有力的检测不仅是对我国人民的健康负责，还是对我国出口贸易的品质负责，从而促进食品安全朝着更好的方向发展。

食品加工业是轻工业的重要组成部分，对于促进社会经济、改善膳食结构、提高人民的生活健康水平和增强综合国力有着重要意义。同时，食品科学是一个实践性和应用性很强的专业，其实验课是理论与实践相结合的纽带，是培养食品专业技术人才实验操作技能和应用技术的场所，对整个专业技能的掌握起着举足轻重的作用。当前多学科交叉日益深入，在力学、传热学及热力学等理论的支撑下，加工技术不断发展的同时，围绕光学、电磁学、辐射科学等领域的食品加工生产新技术的科学研究及技术开发将进一步发展。随着社会对食品安全与卫生、食品营养及功能性、食品的保藏性及食用方便性等提出了更高要求，这就要求食品加工技术与未来的食品产业和社会需求相适应，其创新与应用是食品工业可持续发展的永恒主题。

本书是一本综合食品科学、化学、营养学等学科知识的著作，旨在为读者提供全面的食品检验检测与加工技术的理论和应用指导。本书介绍了食品检验检测的基本原理和方法，包括样品的采集、制备和保存等，着重在食品质量检验检测、食品的现代检测技术、食品加工技术及应用几个方面做了系统探究，并在此基础上以果酒和桑葚酒为案例，深入研究了食品检验检测及加工技术的应用。本书力求全面系统，注重理论与实践相结合，通过一些案例分析和实验指导，帮助读者更好地理解和掌握食品检验检测与加工技术的实际应用。

在写作本书过程中，笔者借鉴了许多前辈的研究成果，在此表示衷心的感谢。由于食品检验检测与加工技术应用需要探究的层面比较深，作者对一些相关问题的研究不够透彻，加之写作时间仓促，书中难免存在疏漏之处，恳请前辈、同行以及广大读者斧正。

作者

目 录

第一章 食品检验检测概述 ………………………………………… 1

 第一节 食品检验检测的原理 ……………………………… 1

 第二节 食品检验检测的方法 ……………………………… 3

 第三节 食品样品的采集 …………………………………… 9

 第四节 食品样品的制备 …………………………………… 13

 第五节 食品样品的保存 …………………………………… 17

第二章 食品质量检验检测 ………………………………………… 26

 第一节 加工食品的质量控制 ……………………………… 26

 第二节 食品有害物质的检测 ……………………………… 28

 第三节 食品营养成分的检测 ……………………………… 35

第三章 食品的现代检测技术 ……………………………………… 41

 第一节 仪器检测分析技术 ………………………………… 41

 第二节 免疫学检测技术 …………………………………… 49

 第三节 分子生物检测技术 ………………………………… 59

 第四节 生物传感器技术 …………………………………… 65

 第五节 纳米检测技术 ……………………………………… 70

第四章 食品检验检测的实践 ……………………………………… 73

 第一节 畜产品的检验检测 ………………………………… 73

 第二节 水产品的检验检测 ………………………………… 76

 第三节 果酒的检验检测 …………………………………… 79

第五章 食品加工技术概述 ················ 89

　第一节 食品加工技术的概念 ··········· 89

　第二节 食品加工技术的方法 ··········· 91

　第三节 食品加工技术的未来趋势 ········· 103

第六章 食品加工原理 ················· 108

　第一节 食品加工中的物理变化与原理 ······· 108

　第二节 食品加工中的化学变化与原理 ······· 110

　第三节 食品加工中的微生物学原理 ········ 112

第七章 食品加工技术应用 ·············· 118

　第一节 果蔬加工技术 ·············· 118

　第二节 粮油加工技术 ·············· 120

　第三节 畜产品加工技术 ············· 126

　第四节 水产品加工技术 ············· 130

第八章 食品加工技术实践——以桑葚酒为例 ····· 134

　第一节 桑葚发酵酒的加工技术 ·········· 134

　第二节 桑葚蒸馏酒的加工技术 ·········· 144

　第三节 桑葚浸泡酒的加工技术 ·········· 149

结束语 ·························· 155

参考文献 ························· 157

第一章　食品检验检测概述

第一节　食品检验检测的原理

食品检验检测是一项复杂而系统的工作，其原理涉及化学、微生物学、物理学等学科，旨在通过科学的方法评估食品的品质、安全性和营养价值。

一、化学分析原理

（一）定性分析

化学定性分析作为化学分析的一个分支，主要关注鉴定物质的组成和性质，而不涉及具体含量的测量。这一过程旨在确定试样中存在哪些元素、离子、化合物等，是化学研究、工业生产、环境保护、刑事侦查等领域不可或缺的重要手段。

食品检验检测的定性分析旨在确定食品中是否存在某种特定成分或污染物。常见的定性分析技术包括显色反应、沉淀反应、气相色谱 - 质谱联用（GC-MS）和液相色谱质谱联用（LC-MS）。例如，使用硫酸铜和硫酸钡试剂可检测食品中硫酸盐的存在。

（二）定量分析

食品检验检测中的定性分析主要是为了确定食品中是否存在某种特定的成分、添加剂、污染物、毒素或微生物等，而不仅仅是测量其含量。这种分析关注的是"有无"的问题，而非"多少"的问题。常见的定量分析技术包括滴定法、分光光度法、电化学分析和色谱法。例如，利用高锰酸钾滴定法测定食品中的还原糖含量，或者利用紫外可见光谱法测定维生素 C 的浓度。

定性分析是食品检验检测的基础，为后续的定量分析和食品安全风险评估提供了必要的信息。随着科技的不断进步，现代食品检验实验室越来越多地采用高灵敏度和高特异性的仪器分析方法，以提高定性分析的准确性与效率。

二、微生物学检验原理

食品检验检测中的微生物学检验原理涉及一系列科学方法和技术，旨在识别、计数和鉴定食品中可能存在的微生物，确保食品的安全性与质量。微生物学检验一般需要通过以下几个步骤。

第一，样品采集与处理。首先，需按照标准程序从食品中采集代表性样本，然后通过均质、稀释等预处理步骤，使微生物分布均匀并减少食品基质对检测的影响。

第二，培养基配制与灭菌。选择适宜的培养基以满足目标微生物的生长需求，如营养琼脂、血琼脂或选择性培养基等。配制好的培养基需经过高温高压灭菌，以消除任何潜在的微生物污染。

第三，接种与培养。将处理过的样品接种到培养基上，可采用平板画线法、倾注平板法或稀释涂布平板法等，随后在适宜的温度和时间下培养，让微生物生长形成可见的菌落。

第四，菌落计数。通过观察并计数培养后形成的菌落，可以估计样品中的微生物数量，这是定量分析的一部分，但在定性分析中同样重要，因为它能帮助判断是否存在超出允许限值的微生物污染。

第五，形态学与生化鉴定。通过显微镜观察菌落形态、细胞结构、特殊染色反应（如革兰氏染色）等特征，以及进行各种生化试验（如 IMViC 试验），初步鉴定微生物种类。

第六，分子生物学技术。利用聚合酶链反应（PCR）、实时荧光定量PCR、基因测序或生物芯片等分子生物学手段，针对特定微生物的 DNA 或RNA 进行定性或定量分析，以实现高度特异性和敏感性的鉴定。

第七，生理生化代谢产物检测。通过检测微生物生长过程中产生的特定代谢产物，如酶、有机酸、气体等，辅助鉴定微生物种属。

第八，验证与报告。所有检测结果需经过严格验证，并依据相关食品安全标准和法规要求，编制成详细的检测报告，为食品生产、监管及消费者安全提供科学依据。

三、物理学检测原理

食品检验检测中的物理学检测原理主要侧重利用食品的物理性质（如密度、黏度）和物理常数来评估其品质、安全性和物理状态，而无须改变其化学组成。例如，使用折射仪测定食品的可溶性固形物含量，通过光谱分析技术评估食品颜色，或者使用质构仪测定食品的质地特性。物理学检测方法因非破坏性、快速、操作简便等特点，在食品检验检测中发挥着重要作用，尤其在对食品的物理性质和组成进行初步筛选和快速评估时。

四、感官评价原理

感官评价是一种主观检测方法，依赖人的视觉、味觉、嗅觉、触觉和听觉来评估食品的外观、气味、口感、质地和风味。专业的感官评价员会按照标准化的程序对食品进行评分，这种评价对于食品的市场接受度至关重要。感官评价是食品研发、质量控制和市场调研中不可或缺的部分，不仅能帮助优化产品配方，还能深入理解消费者需求，为食品行业的创新和发展提供有力支持。

总之，厘清食品检验检测的原理是确保食品安全、维护公众健康的基础。新的检测技术不仅提高了检测的速度、灵敏度和准确性，也对检测人员的专业技能提出了更高要求。因此，只有了解食品检验检测的原理，以持续的技术创新与人员培训提升食品安全检验检测能力，才有助于保障人民群众的食品安全。

第二节 食品检验检测的方法

食品检验检测是依据物理学、化学、微生物学等基本理论和各种技术，对食品原料、辅助材料、半成品、成品及副产品的质量进行检验，以确保产品质量合格。其重要性不言而喻，对于保护消费者健康、维护市场秩序具有重要意义。

一、传统检测方法

(一) 感官检测

感官检测是指通过人的感觉器官 (如视觉、嗅觉、味觉、触觉等) 对某些物品的质量、性能及适用性等做出评价的方法。这种方法经常应用于对食品的心理特性的评价，如色感、款式和新颖性等。在客观测试方法无能为力或难以精确评价的情境下，感官检测尤其重要。

感官检测一般分为两种类型：一是专业人员检查。这是由具有特殊能力的专业人员如品尝师、文物鉴定专家等进行的检查。他们经过专业培训，具备丰富的经验和专业知识，能够对食品进行准确评价。

二是普通人员检查。这是由普通人员通过感官对食品进行初步检查。虽然他们的评价结果可能不如专业人员准确，但在某些情况下，如家庭自检或消费者选择时，普通人员的感官检测仍然具有一定的参考价值。

感官检测的优点在于简便易行、快速灵活、成本低，并且能够直接观察和感知食品的质量。此外，感官检测还具有综合性高、直观性强等特点，能够综合考虑多个感官因素来评估食品的品质。然而，感官检测也存在一些缺点，如主观性较强、评估结果难以精确量化、受参与者个体差异影响大等。因此，在使用感官检测时，需要注意控制环境因素，提高参与者的专业素质和一致性等。

(二) 化学检测

化学检测是通过化学手段对食品进行定性和定量分析的技术手段。它依赖化学试剂、化学反应和特定的检测仪器，对食品中的成分、结构和性质进行检测。化学检测具有准确性高、灵敏性强、可定量分析等特点，能够提供较为精确的检测结果。

化学检测在食品检验中广泛应用于以下方面：一是检测食品添加物。化学检测技术可以方便、准确地检测出食品中添加的化学物质，如防腐剂、甜味剂、食用色素等，从而评估食品的安全性。二是检测重金属。化学检测技术能够检测出食品中的重金属含量，如铅、汞、镉等，有助于控制人类对于重金属的摄入量，保障人体健康。三是检测农药残留。化学检测技术可以快速、准确地检测出食品中农药的残留量，有助于及时发现和处理农药残留问题，确保食品安全。四是成分分析。化学检测技术可以对食品中的各种成分进行分离、鉴定与定量分析，如蛋白质、脂肪、碳水化合物等营养成分的测定，以及重金属、农药残留物等有害成分的分析。这些分析数据能够为判断食品的品质与安全性提供重要依据。

化学检测具有以下优点：一是准确性高。化学检测通常能够提供精确的检测结果，对于确定食品中的化学成分、含量和结构具有重要价值。二是灵敏性强。化学检测方法对于低浓度物质也有较高的检测灵敏度，能够发现食品中的微量有害物质。三是可定量分析。化学检测方法不仅可以给出样品的定性结果，还可以提供定量分析的数据，有助于对食品质量进行精确评估。

（三）物理检测

传统检测方法中的物理检测是指利用各种物理仪器、设备、量具等对商品样品进行物理性能的测量、比较，以确定商品的物理性能和品质是否符合贸易合同要求所进行的鉴定和检验。

物理检测是通过对物体的物理特性进行观察和测量，以评估其质量和性能的一种方法。这种方法具有直观、易操作、非破坏性等特点，可以在不破坏样品的前提下，获取有关物理特性的信息。

物理检测广泛应用于各个领域，如材料科学、机械工程、电子技术、建筑工程、电子电器、汽车制造等。例如，在建筑工程中，物理检测可以用于评估建筑材料的力学性能，如抗压强度、抗拉强度等；在电子电器领域，物理检测可以用于测试电子产品的电磁兼容性、环境与可靠性等性能。

物理检测具有直观明了、操作简便、非破坏性取样等优点。然而，物理检测也存在一些局限性，只能对样品的物理性质进行测量，不适用于分析样品的化学成分等其他特性。此外，物理检测的结果可能受到环境因素和操作技术的影响，需要严格控制测试条件和提高操作水平。

二、现代化检测方法

(一) 分子生物学方法

分子生物学方法是一种快速、敏感且特异的食品检测方法,常用于检测食品中的微生物、基因改造成分等。

食品检验检测的分子生物学方法在食品微生物检测、转基因成分检测等方面展现出显著优势。

1. 聚合酶链反应(PCR)技术

原理:通过扩增特定基因序列的复制来检测食品中是否存在有害微生物和基因改造成分。

特点:高灵敏度、高特异性,能在短时间内检测出微量的目标基因序列。

应用:准确检测食品中的病原微生物,如致病性大肠杆菌、沙门氏菌等,以及转基因食品中的转基因成分。

2. 多聚酶链反应(Multiplex PCR)技术

原理:PCR 技术的一种改进,可以同时扩增多个目标基因序列。

特点:通过引入多个引物,可以同时检测多个有害微生物,从而提高检测效率和准确性。

应用:在食品中同时检测多种有害微生物,如大肠杆菌、沙门氏菌和金黄色葡萄球菌等。

3. 逆转录聚合酶链反应(RT-PCR)技术

原理:将 RNA 转录成相应的 DNA 进行扩增。

特点:快速准确地检测食品中的病毒污染。

应用:诺如病毒、流感病毒等食品中病毒的检测。

4. 基因芯片技术

原理:高通量的基因检测方法,可以同时检测上千种基因。

特点:对食品进行快速检测,同时进行定性和定量的分析。

应用:食品中基因改造成分的检测和鉴定。

5. 实时荧光定量聚合酶链反应（Real-time PCR）技术

原理：在 PCR 反应体系中加入荧光基因，利用荧光信号积累实时监测整个 PCR 进程。

特点：实时性、准确性高，能够实现快速、准确的定量分析。

应用：广泛用于新型冠状病毒检测等领域。

6. 基因探针检测方法

原理：利用特定标记的核酸探针与待测核酸进行杂交，通过检测杂交信号来判断目标核酸是否存在。

特点：高特异性、高灵敏度，能够检测复杂样品中的特定基因序列。

应用：食品中特定微生物或转基因成分的快速检测。

需要注意的是，虽然分子生物学方法在食品检验检测中具有显著优势，但也存在一些局限性，如需要专业的实验室和设备、操作人员应具有良好的分子生物学专业技术等。因此，在实际应用中需要根据具体情况选择合适的方法。

（二）光谱学方法

光谱学方法是一种无损检测方法，可以通过分析物质与光的相互作用来判断食品的质量。

食品检验检测中的光谱学方法是一种高效、快速且非破坏性的技术手段，广泛应用于食品成分分析、有害物质检测以及食品质量评价等方面。

1. 红外光谱技术

原理：通过检测食品中的红外光谱图，识别和测定不同食品中的化学成分和营养物质。

应用：检测食品中的添加剂、污染物以及其他有害物质，快速鉴定食品中的含量和浓度。

特点：对于食品中的有害物质具有良好的检测效果，且操作简便，检测准确率高。

2. 紫外可见光谱技术

原理：利用食品中的物质与可见光或紫外光的相互作用，测量光的吸收、散射和透射情况，从而确定食品中的化学成分。

应用：检测食品中的色素、防腐剂等成分含量，并与国家食品安全标准进行比对，确保食品的合格与安全性。

特点：紫外可见光谱技术是一种常用的食品安全检测方法，适用于食品中多种成分的检测。

3. 高光谱成像检测技术

原理：在 200~2500nm 的光谱信息范围内，实现对目标的连续性成像处理，不仅能够获得目的空间特征，还能够获得目标的光谱信息。

应用：快速检测食品外观破损、颜色等，剔除不合格的食品；快速检测出食品中的农药、病虫害、成分等信息；对食品进行安全鉴定和品质分级。

特点：具有较高的信息识别度，能够快速准确地检测食品的质量和安全性。

4. 拉曼光谱检测技术

原理：基于拉曼散射效应，通过测量散射光的频率变化来分析物质的分子结构。

应用：在食品领域实现快速现场检测，获取丰富的食品样本物质结构信息，实现定性定量分析。

特点：具有快速、准确等优点，但可能受荧光效应的影响。

5. 近红外光谱检测技术

原理：利用物质在近红外区的吸收、反射或透射光谱特性进行分析。

应用：检测食品中的水分含量、蛋白质、脂肪、纤维及碳水化合物等营养成分。

特点：一种快速高效的无损检测技术，适用于现场离线检测分析。

综上所述，光谱学方法在食品检验检测中发挥着重要作用，具有快速、准确、非破坏性等优点，为食品安全和质量控制提供了有力的技术支持。

（三）质谱学方法

食品检验检测中的质谱学方法是一种高度灵敏和选择性的分析技术，广泛应用于食品中的成分分析、污染物检测、添加剂分析等方面。质谱学方法基于物质分子质量对电离分析，将分子化合物转化为带电粒子，并通过质量分析器，按质荷比（m/z）大小进行分离和记录信息，进行物质结构分析。

质谱学方法包括质谱仪、气相质谱法、液相质谱法等。这些方法可以检测食品中的农药残留、重金属、病原微生物等，具有高度的准确性和灵敏度。与其他分析方法相比，质谱分析在灵敏度、分子质量分析和广泛的应用范围方面更为突出，可以与色谱等技术联用，增强样品分离和分析能力。

(四) 电化学方法

食品检验检测中的电化学方法是一种基于电化学反应的分析技术，在食品安全检测中具有广泛的应用。电化学分析是利用电化学反应测定物质的组成和性质的一种方法。它基于电化学原理，通过测量电流、电压和电阻等电学量来获取目标物质的信息。常见的电化学分析技术包括电位法、电流法和电导法等。电化学方法具有高灵敏度、快速性、高选择性、定量分析能力的特点。

电化学方法在食品检验检测中具有广泛的应用，涵盖了食品安全检测的多个方面。通过不断的技术创新和优化，电化学分析方法将在食品安全检测领域发挥更加重要的作用，为食品安全提供更加科学、快速、准确的检测手段。

通过采用多种检测方法和技术手段，可以全面评估食品的质量和安全性。随着科技的不断进步和创新发展，食品检验检测技术将不断提高和完善，为保障食品安全和人民健康做出更大贡献。

第三节　食品样品的采集

食品样品的采集是食品安全检测与质量控制的首要环节，直接关系后续分析的准确性和可靠性。正确、规范的样品采集方法能够确保所采集的样品具有代表性，能够真实反映食品的整体质量和安全状况。

一、基本原则

(一) 代表性原则

代表性原则是食品样品采集过程中的一项重要指导原则，是指在食品样品采集过程中，所选取的样品应能够代表被检测食品的总体特征，包括其组成、质量、安全状况等。这意味着所采集的样品应具有广泛的代表性，能够全面反映被检测食品的整体情况。

代表性原则确保了所采集的样品能够真实、准确地反映被检测食品的整体质量、安全状况以及可能存在的污染情况。在采集过程中，我们需要充分了解食品特性，采用随机抽样方法，注意样品的均匀性并遵循专业规范以确保样品的代表性。同时，通过加强监管和执法力度，可以进一步保障食品的安全和质量。

（二）均匀性原则

在食品样品采集过程中，均匀性原则是确保采集到的样品具有代表性、能够真实反映食品整体状况的重要原则。均匀性原则要求采集的样品在物理性质、化学成分、微生物污染等方面具有一致性，避免出现局部差异或偏差。

均匀性原则是食品样品采集过程中的重要原则之一，可以确保采集到的样品具有代表性、能够真实反映食品的整体状况。通过多点采集、混合样品、使用适当的采集工具和遵循卫生规范等方法，可以确保样品的均匀性，提高检测结果的准确性和可靠性。因此，在食品样品采集过程中，应始终遵循均匀性原则，确保食品安全监管工作的有效性和可靠性。

（三）安全性原则

安全性原则是食品样品采集过程中必须遵循的重要原则之一。在食品样品采集过程中，安全性原则是保证整个采样过程不会对食品样品造成污染或损坏，同时确保采样人员和环境的安全。

通过选用合适的采样工具和容器、遵循无菌操作程序、防止样品污染和损坏、遵守相关法律法规和标准以及记录和报告等措施的实施，可以确保采样过程的安全性和可靠性。这对于保障食品安全、维护消费者健康具有重要意义。

（四）及时性原则

及时性原则是食品样品采集过程中必须遵循的重要原则之一，确保样品能够在最佳状态下被采集和检测，从而提供准确、可靠的食品安全信息。

及时性原则通过确定合适的采样时间、快速运输和保存样品以及优先处理关键样品等措施的实施，可以确保样品在最佳状态下被采集和检测。

二、采集方法

食品样品的采集方法多种多样，根据不同的食品类型和检测需求，可以选择不同的采集方法。

(一) 随机抽样法

第一，简单随机抽样。整批待测食品中的所有单位产品以相同的可能性被抽到的方法。这种方法适用于食品数量较少或需要全面检测的情况。

第二，系统随机抽样。当对样品随时间和空间的变化规律已经了解时，可采取每隔一定时间或空间间隔进行抽样。这种方法适用于食品数量较多、分布较规律的情况。

第三，分层随机抽样。按样品的某些特征，把整批样品划分为若干小批，在各层内分别随机抽取一定数量的单位产品，然后合在一起即构成所需采取的原始样品。这种方法适用于食品种类较多、性质差异较大的情况。

第四，分段随机抽样。当整批样品由许多群组成，而每群又由若干组构成时，可用前三种方法中的任何一种，以群作为单位，抽取一定数量的群，再从抽出的群中按随机抽样方法抽取一定数量的组，再从每组中抽取一定数量的单位产品组成原始样品。这种方法适用于大型食品生产企业或批发市场等。

(二) 代表性取样法

代表性取样法是一种系统抽样法，基于已经了解的样品随空间 (位置) 和时间而变化的规律进行取样。这种方法的目的是确保采集的样品能够真实反映总体或特定部分的特性。

1. 实施步骤

第一，了解样品特性。在取样前，需要充分了解样品特性，包括其随空间和时间变化的规律。这有助于确定合适的取样方法和策略。

第二，制订取样计划。根据样品的特性和取样需求，制订详细的取样计划，包括确定取样点、取样时间、取样量等关键参数。

第三，执行取样操作。按照取样计划执行取样操作。在取样过程中，应确保取样工具的清洁和无菌，避免引入外源污染。

第四，记录与标识。对采集的样品进行详细记录和标识，包括样品编号、取样时间、取样地点等信息。这有助于后续的数据分析和结果追溯。

2. 注意事项

第一，确保代表性。代表性取样法的关键在于确保所选样本的代表性。因此，在取样过程中，应充分考虑样品的空间分布和时间变化特性。

第二，遵循随机性。虽然代表性取样法是基于一定规律的抽样方法，但在具体实施过程中仍应遵循随机性原则，以减少人为因素对取样结果的影响。

第三，注意样品保存。采集的样品应妥善保存和运输，避免期间发生品质变化或污染。

代表性取样法是一种重要的采样方法，通过系统的方式选取样本，确保所选样本能够代表其相应部分的组成和质量。在食品、医药、环境监测等领域具有广泛的应用。在实际应用中，应根据具体需求和样品特性，选择合适的取样方法和策略。

（三）特定取样法

特定取样法通常指的是在科学研究和统计分析中，根据特定目的和条件所采用的抽样方法。这些方法旨在从总体中抽取代表性的样本，以便通过样本研究来推断总体的特征。

第一，随机取样法。这是一种从总体中抽取样本的方法，特点是每个样本单元有相同的抽取机会，可以有效消除抽样偏差，从而获得有代表性的样本。

第二，分层随机取样法。先按照某种规则把总体划分为不同的层，然后在层内进行抽样，各层的抽样之间是独立进行的。

第三，整群随机取样法。先把总体中的个体划分成称作群的单个组，总体中的每一个个体属于且仅属于某一个群。以群为单位抽取一个简单随机样本。

第四，系统抽样法。先将总体中的抽样单元按某种次序排列，在规定范围内随机抽取一个初始单元，然后按事先规定的规则抽取其他样本单元。

第五，多级抽样法。可以看作整群抽样的发展，在抽得初级抽样单元后，并不调查其全部次级单元，而是再进行抽样。

以上各种取样方法都有其特定的适用场景和优缺点，研究者应根据具体的研究目的、总体特征、资源条件等因素来选择合适的取样方法。

三、注意事项

第一，采样前应对待鉴定食品的相关证件进行审查，包括商标、运货单、质量检验证明书等，了解食品的原料来源、加工方法、运输保藏条件等信息。

第二，根据不同的食品类型和检测需求，选择合适的采样工具和容器，确保采样工具和容器的清洁、干燥、无破损。

第三，在采样过程中应避免污染和交叉污染，确保采样过程的卫生和安全。

第四，对于不同形态和包装的食品样品，应采用不同的采样方法，确保采集到的样品具有代表性。

第五，在采样过程中应记录详细的采样信息，包括采样时间、地点、人员、样品名称、数量等，以便后续的分析和比对。

食品样品的采集是食品安全检测与质量控制的重要环节，正确的采集方法能够确保所采集的样品具有代表性、均匀性和安全性。在采集过程中应遵循代表性原则、均匀性原则、安全性原则和及时性原则等基本原则，并根据不同的食品类型和检测需求选择合适的采集方法。同时，在采样过程中注意避免污染和交叉污染等问题，保证采样过程卫生安全。通过加强食品样品采集的管理和监督，可以为食品安全检测与质量控制工作提供有力支持。

第四节 食品样品的制备

食品样品的制备是食品检测和分析的重要环节，目的在于使待检样品具有代表性和均匀性，以满足检测对样品的要求。在食品检测中，样品的制备过程不仅影响检测结果的准确性，还关系食品安全和消费者健康。

一、食品样品制备的原则

第一，代表性原则。在食品科学研究和食品安全检测中，食品样品的制备是一个至关重要的环节。它涉及如何准确反映整批或整个批次食品的特性、质量和安全状况。因此，代表性原则在食品样品制备中占据了核心地位。

代表性原则是指在食品样品制备过程中，所选取的样品能够真实、准确地反映整批或整个批次食品的整体特性、质量和安全状况。这意味着选取的样品应该具有代表性，能够代表整批或整个批次食品的平均水平或典型特征。

第二，均匀性原则。均匀性原则指的是在食品样品制备过程中，需要确保所制备的样品内部成分均匀分布，避免样品中存在局部浓度过高或过低的现象。这样做的目的是确保样品分析结果的准确性和可靠性。

均匀性原则能够提高分析结果的准确性，可以确保食品样品中的成分均匀分布，从而避免局部浓度过高或过低对分析结果的影响。这有助于提高分析结果的准确性和可靠性。

均匀性原则可以保证样品的代表性。均匀性原则是代表性原则的基础。只有当样品内部成分均匀分布时，才能确保样品具有代表性，从而真实反映整批或整个批次食品的特性、质量和安全状况。

第三，安全性原则。在食品样品的制备过程中，安全性原则是保证实验人员身体健康、防止环境污染和保证样品安全的基础。遵循安全性原则可以最大限度减少由于操作不当或设备污染等因素导致的样品污染和实验结果偏差。

食品样品制备的安全性原则涵盖了实验室环境和设备的安全、样品的卫生和安全、操作规范和安全以及废物处理和环保等方面。遵循这些原则可以确保实验人员身体健康、防止环境污染和保证样品安全，为食品检测提供可靠保障。在食品检测工作中，我们应始终牢记安全性原则的重要性，并将其贯穿整个样品制备过程中。

二、食品样品制备的过程

(一) 采样

第一，确定采样件数。根据样品的总件数和包装形式，按一定比例确定采样件数。比如对于有完整包装的样品，可按总件数 1/2 的平方根确定采样件数。

第二，采集原始样品。根据样品的性质和状态，选择合适的采样工具和方法，从各包装中分层取样，混合后形成原始样品。

(二) 制备平均样品

第一，均匀固体物料。比如粮食、粉状食品等，可采用四分法将原始样品做成平均样品，即将原始样品充分混合后堆积在清洁的玻璃板上，压平成厚度在 3 厘米以下的图形，并画"+"字线，将样品分成四份，取对角的两份混合，再如此分为四份，取对角的两份，即是平均样品。

第二，黏稠的半固体物料。比如稀奶油、动物油脂、果酱等，这类物料不易充分混合，可先按总件数 1/2 的平方根确定取样数，然后从各桶中分层分别取出检样，混合分取缩减到所需数量的平均样品。

第三，液体物料。比如植物油、鲜乳等，数量较大时，可依容器的大小及形状，分区分层采取小样，再将各小样汇总混合，取出原始样品；数量不大时，可在密闭容器内旋转摇荡，或从一个容器倒入另一个容器，反复数次或颠倒容器后，采样前用搅和器等搅拌一定时间，再用采样器缓慢匀速地自上端斜插至底部采取样品。

第四，组成不均匀的固体食品。比如鱼、肉、果品、蔬菜等，这类食品本身各部位极不均匀，个体大小及成熟程度差异很大，取样更应注意代表性。比如肉类可根据不同的分析目的和要求，从不同部位取样混合后代表该种动物；或从一只或多只动物的同一部位取样，混合后代表某一部位的情况。

(三) 样品处理

第一，去除机械杂质。采集的食品样品应预先剔除生产、加工、运送、保存中可能混入的机械杂质，如泥沙、金属碎屑、玻璃、竹木碎片等。

第二，去除非食用部分。按照普通的食用习惯，去除非食用部分。比如对于植物性食品，去除根、茎、叶、皮等非食用部分；对于动物性食品，去除羽毛、鳞、爪、骨等。

第三，样品粉碎与混匀。根据样品的不同性质和检测要求，采用搅拌、切细、粉碎、研磨或捣碎等方法，使检验样品粒度大小达到分析要求，并充分混匀。

三、食品样品制备的注意事项

第一，选择合适的食品样品制备工具是确保样品制备质量和安全性的重要环节。在选择制备工具时，首先要考虑的是样品的性质，包括样品的物理状态（如固体、液体、半固体）、硬度、粒度等。不同的样品性质需要不同类型的制备工具。

在选择制备工具时，还要考虑其适用性。不同的实验室和检测项目可能需要不同类型的制备工具。因此，在选择工具时，要根据实验室的实际情况和检测项目的需求进行选择。

第二，控制制备环境。这是确保样品质量和实验结果准确性的重要环节。通过控制实验室内的温度、湿度、光照和空气质量等环境因素，以及满足特殊环境要求的措施，可以有效提高食品样品制备的质量和效率。同时，实验室内的环境卫生和清洁也是确保食品安全和质量的重要保障。

第三，样品保存与标识。这是确保样品质量、避免混淆和误用，以及追溯实验结果的重要步骤。通过选择适当的保存容器、控制保存条件、避免污染以及记录保存信息等措施，可以有效保证样品的质量和安全。同时，通过唯一性标识、清晰易读、固定位置和记录与核对等措施，可以确保样品的可追溯性和管理的便捷性。这些措施的实施对于保障食品安全、提高实验结果的准确性和可追溯性具有重要意义。

食品样品制备是食品检测和分析的基础环节，其质量直接影响检测结果的准确性和可靠性。因此，在制备过程中应严格遵守制备原则和规范要求，选择合适的制备方法和工具，确保样品的代表性和均匀性。同时，应注意制备环境的控制和制备过程的记录与标识工作，为食品检测提供有力的技术支持。

第五节 食品样品的保存

食品样品的保存是食品安全监管、科研研究及质量控制中的重要环节，直接关系样品分析结果的准确性和可靠性。正确的样品保存方法能够有效防止样品变质、成分改变或污染，确保检测数据的客观性和法律效力。

一、基本原则

(一) 及时性

在食品检验检测中，样品的采集时间对于保证检测结果的准确性和有效性至关重要。及时性意味着在食品生产、加工、储存、运输或销售过程中，一旦发现问题或需要进行质量评估，应立即进行样品采集。这有助于确保样品能够真实反映食品在特定时间点的质量、安全和卫生状况。

1. 及时性原则的具体要求

第一，快速响应。一旦发现食品存在潜在问题或需要进行检测，应立即启动样品采集程序。这要求相关人员具备高度的警觉性和责任感，能够迅速采取行动。

第二，避免延误。在样品采集过程中，应尽量避免任何可能导致样品质量变化或污染的延误。例如，在采集过程中应尽量减少样品的暴露时间，避免样品受到阳光直射、高温或污染源的影响。

第三，确保代表性。即使在紧急情况下，也应确保采集的样品具有代表性。这意味着在选择采样点、采样数量和采样方法时，应充分考虑整批食品的质量、安全和卫生状况，以确保采集的样品能够真实反映整批食品的情况。

2. 及时性原则的落实措施

第一，建立快速响应机制。企业应建立健全食品安全管理体系，包括制定应急预案、建立快速响应机制等，以确保在发现问题时能够迅速采取行动。

第二，加强人员培训。对负责样品采集的人员进行专业培训，提高其食品安全意识和操作技能，确保在采集过程中能够遵循及时性原则。

第三，优化采样流程。优化采样流程，减少不必要的环节和等待时间，提高采样效率。同时，采用先进的采样设备和技术，如自动化采样设备、快速检测技术等，以进一步提高采样的及时性和准确性。

第四，加强监管和检查。相关部门应加强对食品企业的监管和检查力度，确保企业能够遵循及时性原则进行样品采集。对于违反规定的企业，应依法进行处罚和整改。

总之，及时性原则是保障食品安全和质量的关键措施之一。只有确保在发现问题或需要进行检测时能够迅速采取行动并采集具有代表性的样品，才能为后续的检验检测提供可靠的基础数据支持。

(二) 代表性

在食品检验检测中，样品的代表性直接决定了检测结果的可靠性和有效性。一个具有代表性的样品能够真实反映整批食品的质量、安全和卫生状况，从而帮助我们判断该批食品是否符合相关标准和要求。因此，在采集食品样品时，必须确保样品具有代表性。

1. 代表性原则的具体要求

第一，随机性。在采集食品样品时，应遵循随机原则，确保每个单位产品都有被选中的可能性。这样可以避免人为因素对样品选择的影响，提高样品的代表性。

第二，均匀性。采集的样品应具有均匀的质地、颜色和外观等特点，避免只选择外观良好或质地较差的部分。同时，在采集过程中应确保样品的混合均匀，避免出现局部污染或特殊情况的影响。

第三，充分考虑整批食品。在选择采样点、采样数量和采样方法时，应充分考虑整批食品的质量、安全和卫生状况，包括食品的来源、生产日期、生产厂家、储存条件等信息。

2. 代表性原则的落实措施

第一，制订采样计划。在采样前，应制订详细的采样计划，明确采样目的、采样对象、采样方法、采样数量等要素，有助于确保采样过程的有序进行。

第二，遵循采样规范。在采样过程中，应遵循相关的采样规范和标准，确保采样操作符合规范要求。同时，对负责采样的人员进行专业培训，提高其采样技能和操作水平。

第三，使用合适的采样工具。根据食品类型和检测要求，选择合适的采样工具和设备。例如，对于液体食品，可以使用无菌瓶或无菌袋进行采集；对于固体食品，可以使用不锈钢刀或无菌勺进行采集。

第四，注意样品的保存和运输。在采集到样品后，应注意样品的保存和运输条件，避免样品在保存和运输过程中受到污染或变质。同时，应尽快将样品送至实验室进行检测，以确保检测结果的准确性。

(三) 无污染

在食品样品的采集过程中，无污染原则确保所采集的样品能够保持原始的质量、安全和卫生状况，从而保障后续检测结果的准确性和可靠性。任何形式的污染都可能影响样品的检测结果，从而对食品安全造成误判。

1. 无污染原则的具体要求

第一，采样器具的清洁。采样器具必须保持清洁，不得含有任何可能影响样品质量的物质。在采样前，应对采样器具进行彻底的清洗和消毒，防止交叉污染。

第二，采样过程的防护。在采样过程中，应采取适当的防护措施，如佩戴手套、使用无菌工具等，防止人为污染。同时，应避免与样品直接接触的物品 (如包装袋、容器等) 对样品造成污染。

第三，样品的保存和运输。样品在保存和运输过程中应尽可能避免污染。对于易污染的食品样品，应采取密封、冷藏等措施，以保持其原始状态。同时，在运输过程中应避免剧烈震动和碰撞，防止样品破损或泄漏。

2. 无污染原则的落实措施

第一，制定严格的采样规范。制定严格的采样规范，明确采样器具的清洁、消毒方法，采样过程中的防护措施，以及样品的保存、运输要求等，确保采样过程符合无污染原则。

第二，加强人员培训。培训对于采样人员特别重要，要定期开展采样人员的培训，使其了解无污染原则的重要性，掌握正确的采样方法和操作技能，确保采样过程中不出现污染现象。

第三，使用专用采样器具。根据食品的检测要求，使用专用的采样器具和设备，确保器具的材质、规格和性能符合采样要求，减少污染的可能性。

第四，加强现场监管。在采样现场加强监管，确保采样过程符合规范要求。对于发现的污染问题，应及时采取措施进行处理，防止污染扩散。

（四）适宜条件

食品样品采集时保持适宜的条件对于保障样品的真实性、代表性和可检测性至关重要。只有在适宜条件下采集的样品，才能准确反映食品的质量、安全和卫生状况，为后续的检验检测提供可靠基础。

1. 适宜条件原则的具体要求

第一，温度控制。对于易腐食品，如肉类、乳制品等，应在低温条件下采集和保存，以防止微生物的生长和食品的腐败；对于某些需要在特定温度下保存的食品，如冷冻食品，应确保在规定的温度范围内进行采集和保存。

第二，湿度控制。对于一些对湿度敏感的食品，如干燥食品、谷物等，应确保在适宜的湿度条件下进行采集和保存，以防止食品受潮或变质。

第三，光照控制。避免阳光直射对食品样品的影响，特别是对于一些对光照敏感的食品，如新鲜果蔬等。

第四，避免污染。在采集过程中，应确保采样器具、采样环境以及采样人员的卫生状况，防止食品样品受到污染。避免使用可能含有化学残留或污染物的包装材料或容器。

第五，时间控制。在采集过程中，应尽快完成采样工作，减少样品在空气中的暴露时间，防止食品中的成分发生变化。对于一些需要立即进行检测的食品样品，如微生物检测样品，应尽快送至实验室进行检测。

第六，其他特定条件。根据食品的种类和特性，可能需要满足一些特定的采集条件，如无菌操作、真空包装等。

2. 适宜条件原则的落实措施

第一，制定采样规范。根据不同食品的特点和要求，制定详尽的采样规则，明确采样条件、采样方法、采样器具等要求。

第二，培训采样人员。定期对负责采样人员进行培训，使其了解不同食品的特点和要求，掌握正确的采样方法和操作技能。

第三，使用专用采样器具。食品的检测一定要使用专用的采样器具和采样设备，确保器具的材质、规格和性能符合采样要求。

第四，加强现场监管。采样现场一定要加强监管，确保采样过程符合规范要求，对发现的问题及时进行处理和纠正。

第五，记录采样信息。详细记录采样过程中的信息，如采样时间、采样地点、采样人员、采样条件等，以便后续追溯和分析。

(五) 记录翔实

食品样品的采集原则中，记录翔实是非常关键的一环。一个完整且准确的记录可以帮助我们追踪样品的来源、处理过程以及任何可能影响结果的因素。

1. 记录翔实原则的重要性

第一，可追溯性。详细的记录可以确保我们从样品的采集到检测结果的整个过程都可以被追溯。这对于食品安全监管至关重要。

第二，责任明确。当出现问题时，详细的记录可以帮助我们快速定位问题所在，明确责任归属。

第三，数据可靠性。通过记录整个采样过程，我们可以确保数据的准确性和可靠性，从而得到更加准确的检测结果。

2. 记录翔实原则的具体要求

第一，基本信息。记录样品的名称、编号、来源、采集时间、采集地点等基本信息。

第二，采集条件。详细记录采集时的环境条件，如温度、湿度、光照等，以及使用的采样工具、采样方法等。

第三，样品状态。描述样品的外观、颜色、气味等状态特征，以及是否有异常或污染情况。

第四，处理过程。记录样品从采集到送检的整个处理过程，如包装、保存、运输等，并注明任何可能影响样品质量的操作。

第五，人员信息。记录参与采样和处理的人员姓名、职务等信息，以便在需要时进行联系和确认。

第六，备注信息。记录任何需要特别说明的事项，如样品的特殊性质、采集过程中的异常情况等。

3.记录翔实原则的落实措施

第一，设计标准记录表格。设计一份详细且易于填写的标准记录表格，明确需要记录的各项信息，并规定填写要求。

第二，培训采样人员。对负责采样的人员进行培训，强调记录翔实原则的重要性，并教授其如何正确填写记录表格。

第三，定期检查与审核。定期对采样记录进行检查与审核，确保记录的完整性和准确性。对于发现的问题，应及时纠正和补充。

第四，建立档案管理制度。建立采样记录档案管理制度，规范记录的保存、查阅和使用。确保记录的安全性和可追溯性。

第五，使用信息技术。借助现代信息技术手段，如电子表格、数据库等，实现采样记录的电子化管理和存储。这不仅可以提高记录的效率和准确性，还可以方便地进行数据的分析和利用。

通过遵循记录翔实原则并采取相应措施来确保其落实，我们可以为食品安全监管提供更加可靠和有效的支持。

二、常规的保存方法

(一)冷藏和冷冻保存

食品样品的常规保存方法包括冷藏和冷冻保存，这两种方法都是为了保持食品的新鲜度、延长保质期并防止微生物的生长。

冷藏保存是将食品放置在较低温度下，以减缓微生物的生长速度和食品中酶的活性，从而达到延长食品保质期的目的。冷藏保存的温度通常在 $0 \sim 10℃$。冷藏保存的优点：①可以有效减缓食品中微生物的生长速度，保持食品的新鲜度。②低温条件下，食品中的酶活性降低，减少营养物质的损失。③冷藏保存相对简单，成本较低。

冷冻保存是将食品放置在更低温度下，使食品中的水分结冰，从而达到长时间保存食品的目的。冷冻保存的温度通常在 $-18℃$ 以下。冷冻保存的优点：①可以长时间保存食品，减少食品浪费。②冷冻条件下，微生物的生长速度极慢，几乎可以阻止食品腐败。③冷冻保存可以保留食品的营养成分和口感。

(二) 干燥保存

干燥保存是一种有效的食品保存方法，通过去除食品中的水分，降低微生物活性，从而延长食品的保质期。食品干燥保藏的原理是通过减少食物中水的含量，从而降低食物中微生物的活性，阻止其生长繁殖，从而延长食品的保质期。

1. 方法

第一，天然晾晒法。将食物放置于阳光明媚、无风的地方，使食物自然蒸发水分，从而达到食品保藏的目的。这种方法成本低，不污染环境，但受气候条件影响大，不能全天候进行。

第二，加热干燥法。将食物放置于室内，通过加热的方式，使食物受热蒸发水分。这种方法效率高、速度快，但危险性高，不仅容易造成食品污染，还会污染环境。

第三，冷冻干燥法。将食物放置于冰箱内，通过低温的方式，使食物凝固，然后提取冰，使食物中的水分被蒸发。这种方法可以保持食物的原有口感，但危险性较高，因为低温条件容易对食物造成损伤。

第四，真空干燥法。将食物放入真空容器中，通过真空的方式，使食物中的水分被抽出。这种方法不仅效率高，而且速度快，但危险性也较高，如果抽水太多，便会对食物造成损伤。

2. 注意事项

第一，选择合适的干燥方法。要根据食品自身的特性，选择合适的干燥方法，确保食品在保存过程中不受损伤。

第二，控制干燥条件。在干燥过程中，要控制好温度、湿度和时间等条件，确保食品的品质和安全。

第三，包装和密封。干燥后的食品要进行适当的包装和密封，以防止水分重新进入食品中，导致食品变质。

干燥保存广泛应用于各种食品中，如肉类、鱼类、蔬菜、水果、谷物等。通过干燥保存可以有效延长这些食品的保质期，减少食品浪费，满足人们的日常需求。

（三）真空包装

真空包装是一种常见的保存方法，广泛应用于食品、药品、电子产品等领域。其基本原理是通过排除包装内的空气，创造一个低氧甚至无氧的环境，从而抑制微生物的生长和繁殖，延长产品的保质期。

1.真空包装的原理

真空包装通过专用的真空包装设备，在将产品放入包装材料（如塑料膜、铝塑复合膜等）后，抽出包装内的空气，使包装内部达到预定的真空度，然后密封包装口。这种低氧或无氧的环境可以抑制好氧微生物的生长和繁殖，防止食品腐败和变质，减缓食品中脂肪的氧化，保持食品的营养和风味，防止食品受潮、结块或变形。

2.真空包装的注意事项

第一，包装材料的选择。应根据产品的特性和保存要求，选择合适的包装材料。例如，对于食品，应选择符合食品安全标准的包装材料。

第二，真空度的控制。适当的真空度可以有效抑制微生物的生长和繁殖。但是过高的真空度可能导致包装材料破裂或变形。因此，应根据产品的特性和包装材料的性能来设定合适的真空度。

第三，密封性的检查。在包装完成后，应对包装进行密封性检查，确保没有漏气现象。漏气会导致包装内的真空度降低，从而影响产品的保存效果。

第四，储存环境的控制。虽然真空包装可以延长产品的保质期，但仍需注意储存环境的温度和湿度，过高的温度或湿度可能影响产品的保存效果。

（四）避光保存

避光保存是一种常见的物品保存方法，特别适用于对光线敏感的产品，如某些药品、化妆品、食品以及某些化学制品等。

1.避光保存的重要性

许多物质在光线的照射下会发生化学反应，导致品质下降、颜色改变、活性降低或产生有害物质。因此，对于这些对光线敏感的产品，避光保存至关重要。避光保存可以减缓或防止这些化学变化的发生，从而保持产品的品质、延长保质期并确保使用安全。

2. 避光保存的方法

第一，使用不透光包装。对于对光线敏感的产品，应选择不透光或遮光性能良好的包装材料，如铝箔袋、深色玻璃瓶等。这些包装材料可以有效阻挡光线的照射，保护产品免受光线的影响。

第二，储存于阴凉处。将产品存放在阴凉、干燥、通风的地方，避免阳光直射。阳光中的紫外线是导致产品变质的主要光源之一，因此应使产品远离阳光直射的区域。

第三，使用遮光罩或遮光帘。在储存或展示对光线敏感的产品时，可以使用遮光罩或遮光帘等物品来遮挡光线。这些物品可以进一步减少光线对产品的影响，提高产品的保存效果。

避光保存是一种重要的物品保存方法，特别适用于对光线敏感的产品。通过选择不透光包装、储存于阴凉处以及使用遮光罩或遮光帘等方法，可以有效减少光线对产品的影响，保持产品的品质、延长保质期并确保使用安全。

3. 注意事项

一是样品分装。大体积样品应适当分装，避免反复解冻和冻结，影响样品质量。

二是标识清晰。每个样品容器上应贴有明确的标签，注明样品名称、采集日期、采集人、保存条件等信息。

三是环境控制。样品保存环境应稳定，避免温度波动、光照直射或剧烈震动。

四是定期检查。定期检查样品状态，如有异常，应及时处理或重新采集。

综上所述，食品样品的保存是一个科学而细致的过程，需要根据样品特性和检测目的，采取合理的保存策略，以确保样品的真实性和检测结果的准确性。正确的保存方法不仅能提高检测效率，还能为食品安全提供坚实保障。

第二章　食品质量检验检测

第一节　加工食品的质量控制

随着人们生活水平的提高和消费观念的转变，加工食品在人们日常饮食中的比重逐渐增加。然而，食品安全问题也日益凸显，其中加工食品的质量控制是确保食品安全的重要环节。

一、加工食品质量控制的重要性

加工食品的质量控制对于保障食品安全、维护消费者健康具有重要意义。一方面，加工食品在生产过程中可能受到各种污染，如生物性污染、化学性污染和物理性污染等。这些污染可能导致食品中有害物质超标、微生物超标等问题，从而对人体健康产生危害。因此，通过质量控制确保加工食品的安全性至关重要。另一方面，加工食品的品质稳定性也是消费者关注的重点。优质的加工食品应具有稳定的口感、风味和营养成分，以满足消费者的需求。通过质量控制可以实现对产品品质的有效监控和调整，确保产品品质的稳定性。

二、加工食品质量控制的措施

（一）原料控制

原料是加工食品的基础，其质量直接关系产品的品质。因此，对原料进行严格控制是加工食品质量控制的首要环节。原料控制包括对原料的采购、验收、储存等环节的管理。采购时应选择有资质、信誉良好的供应商，确保原料来源的可靠性；验收时应按照相关标准和要求进行检查，确保原料质量符合要求；储存时应采取适当措施防止原料受潮、霉变等问题。

（二）加工工艺控制

加工工艺是影响加工食品品质的关键因素之一。合理的加工工艺能够保留原料的营养成分和风味特点，提高产品的附加值。加工工艺控制包括对加工设备的选型、工艺流程的设计、操作参数的设定等环节的管理。选型时应选择性能稳定、操作简便的设备；设计工艺流程时应遵循科学、合理的原则；设定操作参数时应根据产品的特性和要求进行精细化调整。

（三）添加剂使用控制

添加剂在食品加工过程中发挥着重要作用，可以改善产品的口感、色泽和保质期等特性。然而，过量使用或滥用添加剂可能导致食品安全问题。因此，对添加剂的使用进行严格控制是加工食品质量控制的重要环节。添加剂使用控制包括确定添加剂的种类和用量、建立添加剂使用记录等措施。[①]在确定添加剂种类和用量时应遵循国家相关标准和法规的要求；建立添加剂使用记录有助于追溯产品的添加剂使用情况，确保产品安全可追溯。

（四）卫生控制

卫生条件是影响加工食品品质的重要因素之一。不良的卫生条件可能导致产品受到微生物污染、化学污染等。因此，加强卫生控制是确保加工食品品质的重要措施。卫生控制包括对生产环境的清洁和消毒、操作人员的个人卫生管理、生产设备的清洗和维护等环节的管理。生产环境应定期清洁和消毒，保持干燥、整洁；操作人员应养成良好的个人卫生习惯，如勤洗手、穿戴整洁的工作服等；生产设备应定期清洗和维护，确保性能稳定、卫生状况良好。

（五）质量检验与监控

质量检验与监控是加工食品质量控制的最后一道防线。通过对产品的抽样检验和实时监控可以及时发现和处理问题，防止不合格产品流入市场。

---

① 颜丽．食用农产品质量安全的现状分析与发展探索 [J]．食品安全导刊，2022（11）：105.

质量检验与监控包括对产品的感官指标、理化指标、微生物指标等方面的检测和分析。其中，感官指标主要评价产品的外观、口感等特性；理化指标主要检测产品的营养成分、有害物质含量等；微生物指标主要检测产品中的微生物种类和数量。通过全面的质量检验与监控可以确保产品的安全性和品质稳定性。

综上所述，加工食品的质量控制是一项复杂而系统的工程，涉及原料控制、加工工艺控制、添加剂使用控制、卫生控制和质量检验与监控等环节。为了确保加工食品的品质和安全性，相关从业者应加强对各环节的管理和控制工作，积极引进先进的生产技术和管理经验，加强人才培养和科技创新工作力度；同时应加强与政府部门的沟通与合作，共同推动我国加工食品行业的健康发展和社会进步。

第二节　食品有害物质的检测

一、食品包装中有害物质的检测

食品包装是食品工业的重要组成部分，主要功能是保护食品免受外界环境的影响，保持食品的品质和安全。然而，一些食品包装中的有害物质可能迁移至食品中，对人体健康产生潜在威胁。因此，对食品包装中有害物质的检测至关重要。

（一）食品包装中的有害物质

1. 塑化剂

塑化剂是一种增加塑料柔韧性、弹性及防滑性的添加剂。部分塑化剂对人体有严重的危害作用，可能干扰人体内分泌、影响生殖系统，甚至有致癌风险。

第一，塑化剂对人体内分泌系统的影响是最为显著的。塑化剂中的某些成分，如邻苯二甲酸酯（PAEs），被怀疑是一种环境激素，对动物雌激素有明显的干扰作用。这种干扰作用可能导致男性生殖能力下降，女性性早熟，甚至影响胎儿的发育。对于幼儿来说，由于其内分泌系统和生殖系统正处于发育期，因此塑化剂对他们的潜在危害会更大。

第二，塑化剂对人体免疫系统和消化系统也会产生不良影响。长期大量摄入塑化剂可能损害免疫系统的正常功能，使人体抵抗力下降，更容易受到疾病的侵袭。塑化剂还可能对消化系统产生刺激和损伤，引发胃肠道疾病。

第三，塑化剂还具有潜在的致癌风险。一些研究表明，塑化剂中的某些成分可能作用于细胞染色体，引起染色体数量或结构的改变，从而使某些组织和细胞的生长失控，产生肿瘤。[①] 这种致癌作用是一个长期、慢性的过程，因此长期接触塑化剂的人群应该特别警惕。

在实际生活中，塑化剂主要来源于塑料制品、化妆品、食品包装材料等。因此，我们应该尽量避免使用含有塑化剂的塑料制品，如塑料袋、塑料瓶等，选择使用不含塑化剂的化妆品和食品包装材料，保持室内空气流通，减少塑化剂的挥发和吸入。同时，政府和相关部门也应该加强对塑化剂生产和使用的管理和监管，确保公众的健康和安全。

2. 重金属

重金属可能来自包装材料的制造过程中，如印刷油墨、颜料等。长期摄入重金属可能对人体造成严重危害。

第一，重金属对人体的神经系统具有显著的毒性作用。例如，铅是一种广泛存在的重金属污染物，可以通过食物链进入人体并在体内积累。铅对神经系统的毒性作用主要表现在影响神经细胞的正常功能和神经递质的传递，导致神经系统发育受阻、智力下降、注意力不集中等症状。特别是对于儿童来说，由于其神经系统正处于发育阶段，对铅的毒性作用更为敏感，因此铅污染对儿童健康的影响更为严重。

第二，重金属会对人体的血液系统、免疫系统等产生毒性作用。例如，汞是一种具有强烈毒性的重金属，可以通过食物、饮水和呼吸等途径进入人体。汞在体内可以与蛋白质结合形成有毒的化合物，对血液系统和免疫系统造成损害。长期接触汞的人可能出现贫血、白细胞减少等血液系统异常症状，同时免疫系统功能也会受到抑制，降低人体免疫力，容易感染疾病。

第三，重金属具有潜在的致癌风险。研究表明，某些重金属如砷、镉等

① 王修华．浅析食用农产品质量对食品安全的影响 [J]．食品安全导刊，2022(3)：59.

可以诱导细胞发生癌变。这些重金属可以通过干扰细胞的正常代谢过程、损伤 DNA 等方式使细胞发生恶性转化，从而形成肿瘤。长期接触这些重金属的人患癌症的风险会显著增加。

3. 有机污染物

包括农药残留、多环芳烃等有毒有害物质，可能来自包装材料的生产和使用过程中。

有机污染物可通过食物链、饮用水、空气或皮肤接触等途径进入人体。其中一些具有致癌、致畸、致突变的特性被称为"三致"物质。例如，多环芳烃（PAHs）和某些卤代烃类被广泛认为是致癌物质。长期暴露于这些化合物中，人体可能出现各种健康问题，从轻微的皮肤刺激到严重的内脏损害。

农业土壤和水源的有机污染会直接威胁食品安全。当农田被有机污染物污染时，这些污染物可能被作物吸收并积累在其可食用部分中。人们食用这些受污染的农产品后，就会间接摄入这些有害化合物。此外，有机污染物还可能影响作物的生长和产量，从而对农业生产造成经济损失。

4. 甲醛等挥发性有机化合物

部分包装材料在制造过程中可能释放甲醛等有害气体，对人体健康产生影响。

第一，甲醛对呼吸系统的危害最为显著。当人体暴露于甲醛中时，会出现喉咙不适、咳嗽、呼吸困难等症状。这是因为甲醛能够刺激呼吸道黏膜，导致呼吸道炎症和水肿。长期接触甲醛会增加患上慢性呼吸道疾病的风险，如慢性阻塞性肺病（COPD）和肺癌等。

第二，甲醛会对眼睛产生刺激作用。当人体接触高浓度的甲醛时，眼睛会有刺痛、流泪和发红等症状。此外，甲醛还会影响皮肤的健康。长时间暴露于甲醛中会增加皮肤出现干燥、脱屑和瘙痒等过敏症状的风险。

第三，甲醛是一种基因毒性物质，可以引起基因突变和染色体畸变等遗传性改变。研究表明，甲醛可以增加细胞癌变的风险，尤其对于鼻咽癌和肺癌等恶性肿瘤。因此，长期接触甲醛会增加患上癌症的风险。

（二）包装有害物质实际应用

在实际应用中，需要根据不同的食品包装材料和有害物质种类选择合适的检测方法。例如，对于塑料包装材料中的塑化剂残留，可以采用气相色谱法进行检测；对于纸制品中的甲醛残留，可以采用紫外可见分光光度法进行测定。此外，为了提高检测的准确性和可靠性，可以采用多种方法进行联合检测和分析。

以一次性塑料餐具中邻苯二甲酸酯类塑化剂残留的检测为例，可以采用气相色谱法和质谱法进行联合检测。首先，将样品进行溶剂萃取和净化处理，再利用气相色谱法进行分析，初步确定塑化剂残留的种类和浓度。随后，采用质谱法对目标化合物进行确证和定量分析，获取更准确的分子量和结构信息。根据检测结果，可以判断该塑料餐具中邻苯二甲酸酯类塑化剂残留是否超标，并采取相应措施以保障消费者的健康安全。

二、食品容器中有害物质的检测

食品容器是人们日常生活中必不可少的物品，为食品提供保护、方便存储和运输。然而，一些食品容器在生产过程中可能使用了含有有害物质的原材料，或在生产过程中未能完全清除有害物质。这些有害物质可能包括甲醛、重金属、双酚 A 等，对人体健康构成潜在威胁。因此，对食品容器中有害物质的检测至关重要。食品容器中有害物质的检测方法有以下几种。

第一，化学分析法。化学分析法是一种常用的检测方法，可以对食品容器中的有害物质进行定性或定量分析。通过化学实验，如光谱分析和色谱分析，可以测定容器中特定有害物质的含量。例如，可以通过原子吸收光谱法测定重金属含量、通过气相色谱质谱联用法测定有机挥发性化合物等。

第二，生物学检测方法。生物学检测方法利用生物体的反应来判断食品容器中是否存在有害物质。例如，有些生物对特定有害物质有敏感性，可以根据其生理反应来判断有害物质的含量。这种方法通常用于快速检测，但其准确性可能受到生物个体差异的影响。

第三，免疫分析法。免疫分析法利用抗体与抗原的特异性结合来检测有害物质。这种方法具有高灵敏度和特异性，适用于痕量有害物质的检测。然而，免疫分析法的缺点是需要针对每种有害物质制备特定的抗体。

在实际应用中，应根据具体情况选择合适的检测方法。对于实验室检测，可以采用化学分析法和生物学检测方法对食品容器中的有害物质进行深入分析；对于现场快速检测，可以使用生物学检测方法和新型检测技术进行初步筛选和定性分析。

未来，随着技术的进步和研究的深入，食品容器中有害物质的检测将更加准确和高效。随着人们健康意识的提高和环保法规的加强，食品容器行业将更加注重环保和安全，减少有害物质的使用。因此，对于食品容器中有害物质的检测和监管仍需持续关注和努力。

三、食品中农药残留有害物质的检测

农药在农业生产中至关重要，用于防治病虫害，提高作物产量。然而，不合理地使用或滥用农药会导致食品中农药残留超标，给消费者健康带来潜在威胁。因此，对食品中农药残留的检测成为食品安全领域的重要课题。

(一) 农药残留的危害

食品中农药残留超标可能对人体健康造成多种危害。长期摄入含有农药残留的食品可能导致慢性中毒，引发消化系统、神经系统、呼吸系统等方面的疾病。此外，农药残留还可能影响人体内分泌系统，增加癌症、心血管疾病等发生的风险。

(二) 农药残留检测方法

1. 气相色谱法（GC）

该方法适用于检测具有较高蒸气压和稳定性好的农药残留。通过将样品进行萃取、净化、浓缩等处理，再利用不同的检测器进行检测。气相色谱法具有高分离效能、高灵敏度、高选择性等优点，是农药残留检测中的常用方法。

2. 高效液相色谱法（HPLC）

该方法主要用于检测稳定性较差、不易气化的农药残留。通过液液萃取或固相萃取等技术对样品进行处理，再利用高效液相色谱仪进行分析。高效液相色谱法具有高分离效能、高灵敏度、适用范围广等优点。

3. 生物检测技术

该方法利用生物体对农药残留的生理反应进行检测。例如，利用生物

传感器技术、生物酶技术等方法进行检测。生物检测技术具有高灵敏度、操作简便等优点，但需要建立相应的生物反应体系。

(三)农药残留检测实际应用

在实际应用中，需要根据不同的食品基质和农药种类选择合适的检测方法。例如，对于水果和蔬菜等富含水分的食品，可以采用快速检测技术进行初步筛选；对于肉类、乳制品等富含脂肪的食品，需要进行脂肪提取和净化处理。

以苹果中有机磷农药残留的检测为例，可以采用气相色谱法进行检测。首先，将苹果样品进行匀浆处理。其次，通过乙酸乙酯进行溶剂萃取，再进行浓缩和定容。最后，利用气相色谱仪进行分析，通过相应的检测器检测有机磷农药残留的含量。可以根据检测结果判断苹果中有机磷农药残留是否超标，保障消费者的健康安全。

目前，农药残留检测技术在不断进步和创新。未来，新型的检测技术如质谱法、光谱法等会进一步发展，提高农药残留检测的准确性和灵敏度。同时，自动化、智能化技术在农药残留检测中的应用也将逐渐普及，从而提高检测效率，减少人为误差。

四、食品中兽药残留有害物质的检测

兽药残留是指动物性食品中药物及其代谢产物的含量，包括原料药或其代谢产物和药物原形。兽药残留的来源主要是动物饲养过程中对药物的违规使用，如过量使用、未遵守休药期规定等。兽药残留不仅对动物健康产生影响，还会对人体健康产生潜在威胁，因此食品中兽药残留的检测至关重要。

(一)兽药残留的危害

第一，毒性作用。兽药残留超标可能对人体产生毒性作用，引发中毒症状，如头痛、恶心、呕吐等。

第二，过敏反应。有些人可能对某些兽药残留物质过敏，引发皮疹、呼吸急促等症状。

第三，耐药性。长期接触低浓度的兽药残留可能使细菌等微生物产生耐药性，影响人类疾病的治疗。

第四，生态影响。兽药残留可能通过排泄物、动物组织等方式进入环境中，对生态环境造成影响。

(二)兽药残留检测方法

1. 免疫分析法

利用抗原和抗体的特异性结合反应进行兽药残留检测。该方法具有高灵敏度、特异性强、操作简便等优点，适用于大批量样品的快速筛选。常见的免疫分析法包括酶联免疫吸附试验（ELISA）和荧光免疫分析（FIA）。

2. 毛细管电泳法（CE）

该方法利用电场对带电粒子的作用力进行分离，具有高效、快速、灵敏度高等优点，常用于检测兽药残留中的小分子化合物。

3. 生物传感器法

利用生物传感器对特定药物或药物代谢产物进行检测。生物传感器具有高灵敏度、响应速度快、可重复使用等优点。然而，该方法易受干扰物质的影响，需进一步改进和优化。

4. 快速检测方法

包括化学发光免疫分析、胶体金免疫层析等。这些方法适用于现场快速检测和初筛，具有简便、快速、灵敏度高等优点，但是其准确性和重复性相对较低。

(三)兽药残留检测实际应用

在实际应用中，应根据不同的兽药残留种类和基质选择合适的检测方法。例如，对于脂溶性较强的兽药残留，可采用有机溶剂提取法进行分离富集；对于水溶性较好的兽药残留，可采用离心或过滤等方法进行分离。此外，可采用串联质谱法（LC-MS/MS）进行多残留同时检测。

以猪肉中磺胺类兽药残留的检测为例，可以采用免疫分析法进行快速筛选。首先，制备特异性抗体，建立酶联免疫吸附试验等方法进行初步检测。若筛选结果为阳性，再进行确证试验，如高效液相色谱法（HPLC）或液相色谱串联质谱法（LC-MS/MS）。通过确证实验结果，可以判断猪肉中磺胺类兽药残留是否超标。

食品安全问题日益受到人们的关注，对食品中兽药残留的检测技术也在不断发展。未来，新型检测技术如纳米技术、质谱技术等会进一步应用于兽药残留的检测中，提高检测的准确性和灵敏度。随着自动化和智能化技术的进步，兽药残留检测将更加简便、快速和高效。加强国际合作和交流也是未来发展的重要方向，共同推动兽药残留检测技术的进步和创新。

第三节　食品营养成分的检测

一、食品营养成分检测的概念

我们所说的食品营养成分检测是对食品企业在中国境内销售的食品包装上的营养标签进行检测，通常包括营养成分表、营养声称和营养成分功能声称。在营养成分表中，首先标识能量和蛋白质、脂肪、碳水化合物和钠四种核心营养素及其含量，还可以标识饱和脂肪（酸）、胆固醇、糖、膳食纤维、维生素和矿物质。

二、食品营养成分检测的意义

（一）营造良好的食品环境

受利益诱惑，部分商家会在食品交易市场投入与国家相关标准不符的原材料。由于该原材料的营养成分与人体需求不符，且可能存在质量问题，对人体健康会造成一定影响。同时，消费者以原价购买不符合标准的原材料，其合法权益也受到了威胁。食品营养成分检测可对食品中的有害物质进行准确检测，并及时予以无良商家警告，在提升食品质量的同时规范商家行为，营造良好的食品环境。

（二）有利于保障不同人群的需求

目前，世界各国都要求食品外包装上必须明确标注食品的营养成分表，消费者可以通过营养成分表来合理选择食品，满足自身对各种营养的需求。比如，患有糖尿病的人群可以根据营养成分表来选择不含糖类的食品，高血压人群可以根据营养成分表来选择钠含量相对较少的食品，血脂和低密度胆固醇超标的人群可以选择脱脂类的食品，肠胃消化不好的人群可以选择含有益生菌类的食品。不同的人群通过食品营养成分表能够选择到适合自己食用的食品。因此，食品营养成分检测能够有效解决我国不同人群对于营养的多方位需求，更好地满足人们日益丰富的饮食要求，避免人们食用不利于身体健康的食品。

（三）有利于评价食品营养价值

健康合理的饮食是人类长久发展的基本需求，我们不仅要关注食品卫生，还要注重食品的营养搭配，通过科学地调理饮食结构组成，养成适合自己的饮食习惯。但是，我们普通百姓如何知道什么样的饮食结构更适合自己身体呢？每一种食品都有营养成分比例，有的食品糖分高，有的食品脂肪高，有的食品热量高，我们需要根据自己的身体需要选择不同营养成分的食物。食品营养成分检测可以根据食品的目标人群进行定性和定量的检测，帮助人们深入了解食品中营养成分的种类和含量，进而对食品的营养价值和经济价值进行合理评价，指导人们科学搭配食物，通过研究饮食与疾病的关系，综合多种因素设计食谱，让饮食中的营养成分对身体进行积极调节。

（四）有利于生产企业食品加工

身体健康离不开食物，食品卫生安全是人们对食物的基础要求。食品加工企业不能止步于保障食品卫生，而是要深入研发不同营养成分的食品，满足不同的人群需求。近年来，我国肥胖群体数量显著增加，体重超标将会导致身体出现一系列问题，尤其中老年人会出现动脉硬化、高血脂、高血压等问题，已经严重影响了国民身体健康。健康食品的需求量呈现出逐年增长的趋势。食品生产加工企业通过对食品营养成分的检测，能够为食品配方提供科学规划和合理配比，为食品资源开发提供基础数据支持。同时，食品营养成分检测报告也能够指导食品的生产、运输、流通环节，以免人们食用营养成分产生变化的食品，对保障人民身体健康具有重要意义。

三、食品主要营养成分的检测方法

(一) 食品中水分的检测方法

食品中水分的检测方法有多种，其中常见的方法包括直接干燥法、蒸馏法、卡尔·费休法、红外线干燥法等。

第一，直接干燥法。该方法适用于101~105℃下，不含或含其他挥发性物质甚微的食品。通过测量干燥前后的重量差异，计算出水分含量。

第二，蒸馏法。对于含水较多且需要分离的食品，通常需要通过蒸馏分离水蒸气，再测定其水分含量。

第三，卡尔·费休法。该方法适用于含水较多且需要精确测定的食品，是一种滴定法，通过滴定测定食品中的水分。

第四，红外线干燥法。利用红外线辐射使样品中的水分迅速蒸发，通过测量失去的水分重量或体积，计算出水分含量。该方法适用于各种食品，尤其含脂肪、蛋白质、淀粉等成分的食品。

(二) 食品中糖类的检测方法

食品中糖类的测定对于了解食品的营养成分、评估食品的质量和安全性、进行食品加工和制造过程中的控制等具有重要意义。糖类是人体重要的能量来源，也是人体细胞代谢的主要能量来源。食品中糖类含量对于人体健康有着重要影响，摄入过多或过少的糖类都可能对身体健康造成不良影响。因此，对食品中糖类的测定非常必要。糖类作为食品中的重要组成成分，测定方法有多种，常见的方法包括滴定法、比色法和酶法。

第一，滴定法。适用于食品中游离糖的测定，如葡萄糖、果糖、乳糖等。该方法的基本原理是将食品样品中的水分蒸发掉，然后使用硫酸和苯甲酸等物质还原糖类，再用滴定法测量还原后溶液中糖的含量。

第二，比色法。适用于食品中糖类的测定，如淀粉、果胶、纤维素等。该方法的基本原理是将食品样品中的糖类提取出来，然后将其与特定染料反应，产生颜色，最后通过比色法测量糖的含量。

第三，酶法。通常适用于食品中淀粉、纤维素等糖类的测定。该方法的基本原理是使用淀粉酶等酶类物质将食品样品中的淀粉、纤维素等糖类分解成单糖，然后使用滴定法或比色法测量单糖的含量。

(三) 食品中蛋白质的检测方法

蛋白质是人体的重要营养素，不仅是构成人体细胞、组织和器官的重要成分，也能为人体提供能量。蛋白质的摄入对人体的健康发育和维持生命活动至关重要，而蛋白质的含量可以反映食品的营养价值。食品中蛋白质常见的测定方法包括凯氏定氮法、紫外分光光度法、双缩脲法等。

第一，凯氏定氮法。这是一种测定食品中蛋白质含量的常用方法。该方法的基本原理是将食品样品中的蛋白质转化为氨，然后用酸吸收氨，最后用标准碱溶液滴定吸收液，计算出蛋白质的含量。

第二，紫外分光光度法。这是通过将食品样品中的蛋白质与溴甲酚绿等染料相结合，形成有色复合物，在紫外光谱区测定其吸光值，与标准曲线比较，计算出蛋白质的含量。

第三，双缩脲法。这同样是将食品样品中的蛋白质与双缩脲试剂反应生成紫红色复合物，通过比色测定其吸光值，与标准曲线比较，并计算出蛋白质的含量。近年来，随着免疫学技术的进步和发展，利用抗体的特异性识别和结合蛋白质的特性，通过免疫学方法测定样品中蛋白质含量的方法逐渐被开发和应用，其具有超高的灵敏度和选择性。

(四) 食品中无机盐的检测方法

无机盐是人体必需的营养物质，对于维持人体的正常生理功能具有重要作用。对食品中无机盐的测定，可以帮助我们了解食品中这些元素的含量，从而合理摄入。食品中无机盐常见的测定方法包括滴定法、比色法、原子吸收分光光度法和离子色谱法等。

第一，滴定法。这一方法适用于测定食品中钙、镁、锌等无机盐的含量。通过将食品样品处理后，加入适当的指示剂，用标准溶液进行滴定，根据滴定结果计算出无机盐的含量。

第二，比色法。这一方法适用于测定食品中铁、铜等无机盐的含量。使食品样品中的无机盐与特定染料反应，生成有色复合物，通过比色测定其吸光值，与标准曲线比较，计算出无机盐的含量。

第三，原子吸收分光度法。这一方法适用于测定食品中铜、锌、铅等无机元素的含量。该方法的基本原理是通过让食品样品中的无机元素在原子化器中原子化，吸收特定波长的光，测量吸收光强度，与标准曲线比较，计算出无机元素的含量。

第四，离子色谱法。这一方法是利用离子交换树脂的离子交换特性，通过测量样品中的离子流，计算出样品中的无机盐含量。该方法适用于多种无机盐的测定，精度高、操作简单。

（五）食品中维生素的检测方法

维生素是人体必需的营养物质，一些维生素具有特定的生理功能。对食品中维生素的测定可以帮助我们了解食品中这些维生素的含量，从而合理摄入食物。食品中维生素的测定方法主要有化学分析法、光谱法和色谱法三种。

第一，化学分析法。作为最常用的分析方法，该方法适用于测定食品中各种维生素的含量，如维生素 A、维生素 D、维生素 B_1 等。该方法的基本原理是将食品样品中的维生素提取出来，通过化学反应将其转化为可测定的物质，然后进行定量分析。

第二，光谱法。这一方法也适用于测定食品中维生素的含量，如维生素 B_2、维生素 C 等。同样，该方法需要将食品样品中的维生素与特定化合物进行衍生化反应，生成有色复合物，通过光谱法测定其吸光值，与标准曲线比较，计算出维生素的含量。

第三，色谱法。这一方法也常用于食品中维生素的含量，如维生素 E、维生素 K 等。运用该方法时，需要先将食品样品中的维生素提取出来，通过色谱分离技术，如高效液相色谱法、气相色谱法等，然后测定维生素的含量。

四、食品营养成分检测的有效措施

（一）推广先进检测设备

为了检测出食品中的不同营养成分，需要采用不同的仪器。比如，脂肪酸含量测定需要气相色谱仪，微量矿物质元素测定需要原子吸收分光光度计，热量测定需要卡路里分析仪，等等。食品营养成分检测设备的先进性是检测结果准确与否的重要保障。积极推广先进的检测设备不仅可以提高检测效率，而且能够减少检测误差。[1] 光谱分析仪是通过分析分子振动反射的光线，根据光线的独特光学特征识别，确定材料的化学成分组成，能够科学检测出食品的热量、脂肪、蛋白质和碳水化合物等营养成分，被广泛应用于食品营养成分检测中。

(二) 加大人才培养力度

在食品营养成分检测工作中，检测人员的专业技术水平对检测结果的准确性有着很大影响。因此，为了满足食品行业的发展需求，我们必须加大对食品检测人才的培养力度，从他们的专业素养到技术能力都要兼顾培养，缺一不可。食品营养成分检测工作对从业人员要求较高，不仅要具备专业技术能力，还要具备一定的处理问题方法。在遇到检测结果不统一的情况时，应该运用专业知识进行分析，通过细致观察和不断总结，找出问题发生的原因，从而不断提升工作效率，确保检测结果的准确性。由于食品营养成分检测仪器的更新换代速度加快，科技程度显著提升，为了更好地使用精密仪器，企业应不定期地为检测人员提供对外学习与交流的机会，使其专业技能得到不断提升。同时注重对人才的吸引与招纳，通过创新薪资结构，完善福利待遇，让更多的新鲜思想补充到食品检测工作中，使我国的食品检测技术得到进一步发展。

(三) 建立基层检测机构

大型的食品营养成分检测机构都设立在省会城市，很多周边城市的企业需要定期送样本到检测机构，无形之中给食品生产企业的定期送检加重了负担。虽然基层检测部门具备了方便快捷的优势，但由于资金问题，仪器尚不先进，检测结果的准确度稍有偏差。为了降低省级食品安全检测部门的工作压力，缩短食品检测周期，政府及相关部门应加强基层检测中心的装备力量，不断细化检测部门分工，让基层部门真正做好食品检测工作，以提高食品的安全性。此外，对于食品生产企业来说，还可以进行自检，并接受监督部门的监管。

---

① 周国振. 蔬菜农药残留超标成因及应对措施 [J]. 食品安全导刊, 2018(21): 87.

第三章　食品的现代检测技术

第一节　仪器检测分析技术

仪器检测分析技术是科学研究和技术发展的重要支柱，尤其在食品、医药、环境、能源等领域具有广泛的应用。仪器检测分析技术经历了从简单到复杂、从手动到自动的发展历程，不断提升着人类对物质世界的认知。

一、仪器检测分析技术的发展历程

仪器检测分析技术的发展可以追溯到古代。在古代，人们通过简单的观察、嗅闻、触摸等方式对物质进行分析。随着科技的发展，逐渐出现了许多经典的仪器检测分析方法，如天平、滴定管、分光镜等。在很长一段时间内，这些方法是人们进行物质分析的主要手段。

进入 20 世纪后，物理学、化学等学科的飞速发展为仪器检测分析技术带来了革命性变革。例如，X 射线衍射、电子显微镜、质谱等新技术的出现，使人们能够更深入地研究物质的结构和性质。计算机技术的兴起也为仪器检测分析技术带来了巨大便利，实现了数据的自动采集、处理和解析。

二、仪器检测分析技术的发展趋势

随着科技的不断发展，仪器检测分析技术也在不断创新和进步。仪器检测分析技术的发展趋势主要体现在以下几个方面。

(一) 高灵敏度与高分辨率

随着科学研究的深入，对物质的分析要求越来越严格，需要更高的灵敏度和分辨率来检测痕量物质和细微差异。因此，仪器检测分析技术未来的一个重要方向是不断提高灵敏度和分辨率。

(二)智能化与自动化

随着人工智能、机器学习等技术的发展，仪器检测分析技术将更加智能化和自动化。仪器将能够自主完成样本处理、数据采集、数据分析等全过程，大大提高检测效率和准确性。

(三)多组分与多模式检测

为了更全面地了解物质的性质和结构，仪器检测分析技术将采用多组分、多模式检测方法。例如，将光学、电学、磁学等检测手段相结合，实现更全面的物质分析。

(四)微型化与便携化

随着应用场景的多样化，仪器检测分析设备将更加微型化和便携化，以便现场快速检测和实时监控。这将为环境监测、食品安全等领域提供更方便的检测手段。

(五)跨界融合与创新

仪器检测分析技术将不断与其他领域的技术融合与创新，如生物技术、纳米技术、能源技术等。这些领域的交叉将为仪器检测分析技术的发展带来新的机遇和挑战。

(六)标准化与规范化

随着仪器检测分析技术的普及和应用，未来的发展将更加注重技术的标准化和规范化。这将有助于提高不同实验室之间的数据可比性和准确性，推动科学研究的国际交流与合作。

三、仪器检测分析技术的主要分类

(一)光学检测技术

1. 光学检测技术的基本原理

光学检测技术主要基于光的干涉、衍射、散射、偏振等性质，通过测量光的强度、波长、相位、偏振态等参数，实现对物质的分析和检测。光学检测技术的基本原理可以分为以下几个方面。

第一，干涉原理。干涉是指两束或多束光波在空间某一点叠加时，产生加强或减弱的现象。通过测量干涉图样，可以确定光波的波长、相位差等信息，进而用于测量长度、表面粗糙度等参数。干涉仪是利用干涉原理制成的精密测量仪器，广泛应用于长度计量和光学加工等领域。

第二，衍射原理。衍射是指光波在传播过程中遇到障碍物时，会偏离直线方向传播的现象。通过测量衍射图样，可以确定障碍物的尺寸、形状等信息。衍射原理在微小颗粒测量、生物细胞分析等领域有广泛应用。[①]

第三，散射原理。散射是指光波在传播过程中遇到不均匀介质时发生散射的现象。散射光的强度、偏振态等参数与介质的结构、成分等有关。通过测量散射光，可以确定介质的状态、成分等信息。散射原理在气象观测、环境污染监测等领域有重要应用。

第四，偏振原理。偏振是指光波的电矢量或磁矢量在某一方向上的振动状态。光波的偏振状态与物质的分子结构、表面反射等有关。通过测量光的偏振态，可以获取物质的一些特定信息。偏振仪是利用偏振原理制成的仪器，常用于地质勘探、矿物分析等领域。

2. 光学检测技术的分类

按照不同的分类方法，光学检测技术可以分为多种类型，其中常见的分类方式有以下几种。

第一，按照光谱范围分类。光学检测技术可以分为可见光检测、紫外光检测、红外光检测等类型。不同光谱范围的检测技术具有不同的应用领域

---

① 王艺静，廖鸿.利用大数据技术提高食品安全追溯系统的智能化 [J].中国自动识别技术，2021(6)：77-79.

和特点。例如，红外光谱技术常用于分析有机化合物，紫外光谱技术常用于分析金属离子等。

第二，按照测量方式分类。光学检测技术可以分为透射式检测和反射式检测。透射式检测是指光线通过被测物质后的透射光强进行测量和分析；反射式检测是指光线在被测物质表面的反射光强进行测量和分析。两种方式各有优缺点，适用于不同的应用场景。

第三，按照测量参数分类。光学检测技术可以分为强度测量、波长测量、相位测量、偏振态测量等类型。不同参数的测量具有不同的应用领域和特点，如强度测量常用于分析物质的折射率、消光系数等参数，波长测量常用于分析物质的吸收光谱等。

（二）热学检测技术

热学检测技术是一种利用热学原理来测量物质性质和过程的技术。它涉及热量传递、热力学过程、热辐射等方面，被广泛应用于科学研究、工业生产和日常生活中。

1. 热学检测技术的基本原理

热学检测技术的基本原理是利用物质在温度变化下的热学性质变化来进行测量。当热量传递到物质上时，物质的温度、体积、热容等参数会发生变化，通过测量这些参数的变化，可以推断出物质的性质和状态。

2. 热学检测技术的分类

第一，按测量参数分类。热学检测技术可以分为温度测量、热导率测量、热膨胀系数测量等。温度测量是指测量物质的温度，热导率测量是指测量物质的热传导系数，热膨胀系数测量是指测量物质在温度变化下的体积变化。

第二，按测量方式分类。热学检测技术可以分为接触式测量和非接触式测量。接触式测量是指直接将传感器与被测物质接触，通过热量传递来测量物质的性质；非接触式测量是指利用红外线、微波等非接触方式来测量物质的温度和热辐射性质。

第三，按应用领域分类。热学检测技术可以分为生物医学领域、环境监测领域、能源科学领域等。在生物医学领域中，热学检测技术用于人体温度、热量代谢等方面的测量；在环境监测领域中，热学检测技术用于大气温度、湿度、污染物等方面的测量；在能源科学领域中，热学检测技术用于燃料燃烧、太阳能利用等方面的测量。

综上所述，热学检测技术在多个领域中具有广泛的应用前景。随着科学技术的发展和应用的不断深入，热学检测技术也在不断改进和完善，未来会有更多应用场景涌现出来。因此，深入研究和开发热学检测技术将有助于推动各行业的发展，提高人类的生活质量和健康水平。

(三) 磁学检测技术

磁学检测技术是利用物质的磁学性质进行检测和分析的技术。磁学检测技术具有非接触、无损、高灵敏度等特点，因此在多个领域得到广泛应用。

1. 磁学检测技术的基本原理

磁学检测技术主要基于物质的磁学性质，如磁化率、磁畴结构、磁矩等，通过测量磁场强度、磁通量、磁化曲线等参数，实现物质分析检测。磁学检测技术的基本原理可以分为以下几个方面。

第一，磁化原理。物质在磁场中被磁化的过程受到物质的磁学性质的影响。通过测量物质的磁化曲线和矫顽力等参数，可以推断物质的磁学性质和结构。磁化仪是利用磁化原理制成的仪器。

第二，磁畴结构原理。磁畴是指物质内部自发磁化的区域，具有不同的磁畴结构会影响物质的磁学性质。通过测量物质的磁畴取向和分布，可以推断物质的结构和物理性能。磁畴仪是利用磁畴结构原理制成的仪器，常用于金属材料和半导体材料的检测。

第三，磁共振原理。磁共振是指物质在磁场中吸收特定频率的电磁辐射时产生的现象。磁共振与物质的自旋能级结构和磁学性质密切相关。通过测量磁共振信号的频率、强度和线宽等参数，可以推断物质的成分和结构。磁共振成像技术是利用磁共振原理的一种医学成像技术，具有高分辨率和高灵敏度的特点。

2. 磁学检测技术的分类

按照不同的分类方法，磁学检测技术可以分为多种类型，其中常见的分类方式如下。

第一，按测量参数分类。磁学检测技术可以分为磁场强度测量、磁通量测量、磁化曲线测量等类型。不同参数的测量各有不同，例如，磁场强度测量常用于分析物质的磁导率等参数，磁通量测量常用于分析线圈的磁场分布等。

第二，按测量方式分类。磁学检测技术可以分为直接测量和间接测量。直接测量是指直接测量被测物质的磁学参数；间接测量是指通过测量与磁学性质相关的其他物理量，如电阻、热导率等，来推断物质的磁学性质。

第三，按照应用领域分类。磁学检测技术可以分为地质勘探、矿物分析、金属材料检测、生物医学成像等类型。不同领域的磁学检测技术具有不同的特点和应用范围，如地质勘探中常用磁力仪测量地磁场强度来寻找矿藏。

（四）质谱检测技术

质谱检测技术是一种通过测量样品离子的质荷比来分析鉴定化合物的方法，具有高灵敏度、高分辨率和高通量的特点。质谱技术广泛应用于生命科学、药物研发、环境监测和食品安全等领域。

1. 质谱检测技术的基本原理

质谱检测技术的基本原理是将样品分子经过电离形成离子，然后利用磁场或电场使离子根据质荷比（m/z）大小依次分离，形成离子的质谱图。通过对比标准品的质谱图或者已知数据库，可以确定样品中存在的化合物或者元素。

2. 质谱检测技术的分类

质谱检测技术有多种分类方式，以下是几种常见的分类方式。

第一，按工作原理分类。质谱检测技术分为静态质谱和动态质谱。静态质谱是指通过磁场或电场将离子分离，而动态质谱则是利用离子在电场或磁场中的运动行为来分离离子。

第二，按电离方式分类。质谱检测技术可以分为电子轰击质谱（EI）、化学电离质谱（CI）、电喷雾电离质谱（ESI）和激光解吸电离质谱等。不同的电离方式有其特点和适应范围。

第三，按应用领域分类。质谱检测技术可以分为有机质谱、无机质谱、同位素质谱和表面质谱等。不同的应用领域需要使用不同类型的质谱技术。

质谱检测技术在多个领域中具有广泛的应用前景。随着科学技术的快速发展，质谱检测技术也在不断改进和完善。因此，深入研究和开发质谱检测技术将有助于推动各行业的发展，提高人们的健康水平。

（五）色谱检测技术

色谱检测技术是一种分离和分析复杂混合物中组分的高效分离技术，具有高分离效能、高灵敏度、高选择性等优点。色谱检测技术广泛应用于化学、生物学、医学、环境科学等领域。

1. 色谱检测技术的基本原理

色谱检测技术的基本原理是利用不同物质在固定相和流动相之间的吸附、溶解、分配等作用力差异，使不同物质在两相之间进行反复多次的分配，从而实现在色谱柱中的有效分离。固定相是色谱柱中的填充物，而流动相则是通过色谱柱的流体。当样品溶液流经色谱柱时，各组分在两相之间进行反复多次的分配，使分离效果大大提高。

2. 色谱检测技术的分类

第一，按固定相类型分类。色谱检测技术可以分为液相色谱和气相色谱。液相色谱是指固定相为液体的色谱技术，适用于分离大分子物质、离子化合物等；气相色谱是指固定相为气体的色谱技术，适用于分离挥发性物质和低沸点物质。

第二，按流动相类型分类。色谱检测技术可以分为正相色谱和反相色谱。正相色谱是指流动相与固定相的极性相近的色谱技术，适用于分离极性物质；反相色谱是指流动相与固定相的极性相反的色谱技术，适用于分离非极性物质。

第三，按分离模式分类。色谱检测技术可以分为吸附色谱、分配色谱、离子交换色谱、亲和色谱等。不同的分离模式适用于不同的物质类型和分离需求。

(六) 波谱学检测技术

波谱学检测技术是一种基于波动理论的检测技术，基本原理是利用波动现象的特性来检测物质或现象。波谱学检测技术具有高精度、高灵敏度、高分辨率等优点，因此在科学研究、工业生产、医疗诊断等领域得到了广泛应用。

1. 波谱学检测技术的基本原理

波谱学检测技术的基本原理是利用波动现象的特性来检测物质或现象。波动现象是指物质在空间中传播的一种形式，如声波、光波、电磁波等。当波动遇到物质时，会与物质相互作用，产生反射、折射、散射等效应，这些效应可以被检测并转化为物质的信息。

2. 波谱学检测技术的分类

第一，按波动类型分类。波谱学检测技术可以分为声波检测、光波检测、电磁波检测等。声波检测是指利用声波与物质的相互作用来检测物质，如超声波检测；光波检测是指利用光波与物质的相互作用来检测物质，如光谱分析；电磁波检测是指利用电磁波与物质的相互作用来检测物质，如微波检测。

第二，按测量方式分类。波谱学检测技术可以分为透射测量和反射测量。透射测量是指利用波动透过物质来测量物质的性质，如透过测量法；反射测量是指利用波动反射物质来测量物质的性质，如反射测量法。

第三，按应用领域分类。波谱学检测技术可以分为生物医学领域、环境监测领域、能源科学领域等。生物医学领域中的波谱学检测技术用于人体内部结构的成像和生理参数的测量；环境监测领域中的波谱学检测技术用于大气污染物的监测和气象参数的测量；能源科学领域中的波谱学检测技术用于燃料燃烧和太阳能利用等方面的测量。

(七) 电子显微镜检测技术

电子显微镜检测技术是一种利用电子显微镜来观察和分析物质微观结构的技术。电子显微镜具有较高的分辨率和放大倍数，可以观察更细微的结构，在食品检测等领域得到了广泛应用。

1. 电子显微镜检测技术的基本原理

电子显微镜检测技术的基本原理是利用电子显微镜的电磁透镜将电子

束聚焦到非常小的区域，可以实现高分辨率和高放大倍数的观察。电子显微镜通常由电子枪、电磁透镜、样品台、图像记录系统等部分组成。电子枪产生电子束，经过电磁透镜的聚焦和加速后，打到样品上。样品中的电子与电子束相互作用，产生散射和衍射等效应，形成图像。通过记录这些散射和衍射的电子，可以获取样品的微观结构信息。

2. 电子显微镜检测技术的分类

第一，按工作原理分类。电子显微镜可以分为透射电子显微镜和扫描电子显微镜。透射电子显微镜是通过让电子束透过样品来观察样品的结构；扫描电子显微镜则是通过扫描样品表面来观察样品的结构。

第二，按图像记录方式分类。电子显微镜可以分为暗视场显微镜和明视场显微镜。暗视场显微镜是通过观察衍射束的强度来获取样品的结构信息；明视场显微镜则是通过观察直射束和散射束的相对强度来获取样品的结构信息。

第三，按应用领域分类。电子显微镜可以分为生物医学领域、环境监测领域、能源科学领域等。电子显微镜检测技术在生物医学领域用于研究细胞、组织和器官的微观结构；电子显微镜检测技术在环境监测领域用于研究大气颗粒物、水体悬浮物等环境样品的微观结构；电子显微镜检测技术在能源科学领域用于研究燃料、电池等能源材料的微观结构。

第二节　免疫学检测技术

免疫学检测技术是免疫学领域中非常重要的一部分，其发展和应用为医学诊断、治疗和预防提供了强有力的支持。

一、免疫学检测技术的目的

（一）疾病诊断与鉴别诊断

通过检测患者体内免疫系统的反应可以诊断和鉴别免疫相关性疾病。例如，通过检测抗核抗体、类风湿因子等自身抗体可以诊断自身免疫性疾病，通过检测免疫细胞的数量和功能可以评估患者的免疫状态。

（二）监测病情与疗效

免疫学检测技术可以用于监测病情的发展和治疗效果。例如，通过定期检测肿瘤标志物可以监测肿瘤的复发和转移，通过检测免疫细胞因子的水平可以评估免疫治疗效果。

（三）流行病学调查与疫苗接种效果评估

通过大规模的免疫学检测可以对疾病的流行病学特征进行研究，为疾病的预防和控制提供依据。同时，疫苗接种效果也需要通过免疫学检测技术进行评价。

（四）药物研发与药效评估

免疫学检测技术可以用于药物研发和药效评估。例如，在药物研发阶段，需要检测药物对免疫系统的影响；在药效评估阶段，需要检测药物对免疫细胞功能的影响。

二、免疫学检测技术的意义

（一）提高疾病诊断准确率

随着免疫学检测技术的发展，越来越多的疾病可以被准确诊断。例如，自身免疫性疾病、肿瘤、感染性疾病等都可以通过免疫学检测技术进行早期诊断和鉴别诊断。这有助于患者得到及时的治疗和管理。

（二）指导临床治疗

通过免疫学检测技术可以了解患者的免疫状态和病情进展，从而制订更加精准的治疗方案。例如，对于自身免疫性疾病患者，可以根据免疫学检测结果调整治疗方案，提高治疗效果。

(三) 推动免疫学研究进展

免疫学检测技术的发展推动了免疫学研究的进展。例如，新的免疫学检测技术的应用可以帮助科学家更好地了解免疫细胞的发育、分化、激活和凋亡等过程；同时可以帮助科学家发现新的免疫学标记物和治疗靶点。

(四) 促进医学科技进步

免疫学检测技术的发展促进了医学科技的进步。例如，免疫学检测新技术的应用可以帮助医生更好地了解患者的病情和治疗反应。

三、免疫学检测技术的分类

免疫学检测技术是利用抗原和抗体之间的特异性结合反应，对各种物质进行定性和定量的检测。

(一) 按检测原理分类

1. 抗原—抗体反应

抗原是一种能够刺激机体产生免疫应答的物质，通常来源于病原体、细胞或蛋白质等。抗原的特异性取决于其表面的特定结构，即抗原表位。抗体是机体在抗原刺激下产生的免疫球蛋白，具有与抗原特异性相结合的能力。抗原和抗体的结合是基于互补的构象和相互识别的化学基因之间的相互作用。

抗原和抗体结合后形成复合物，可以通过沉淀反应、凝集反应、补体结合反应等方式进行检测。这些反应可以用来检测抗原的存在、抗体的滴度或两者的相对亲和力。

食品农产品的抗原—抗体检测技术是一种利用抗原和抗体特异性结合反应来检测食品中目标物质的方法。这种技术被广泛应用于食品安全和农产品质量检测领域，以确保食品和农产品的安全性和质量。

食品农产品的抗原—抗体检测技术包括直接免疫学检测技术和间接免疫学检测技术。直接免疫学检测技术是指将已知抗原直接与待测样品中的抗体相结合，通过检测抗体来间接检测抗原的方法。常见的直接免疫学检测技术有直接免疫荧光技术、直接酶联免疫吸附试验等。[①] 间接免疫学检测技术是指将已知抗原与待测样品中的抗体相结合后，再加入酶标记的第二抗体，通过酶催化反应来放大信号，最终检测抗原的方法。常见的间接免疫学检测技术有间接酶联免疫吸附试验、间接免疫荧光技术等。

食品农产品的抗原—抗体检测技术的优点包括高特异性和灵敏度、快速、准确、非破坏性等。该技术可以检测食品中的微生物、毒素、农药残留等有害物质，以及农产品中的蛋白质、激素等物质，为食品安全和农产品质量提供保障。

然而，食品农产品的抗原—抗体检测技术也存在一些局限性。一是抗体的制备和筛选需要耗费大量时间和资源，并且不同抗原的抗体可能存在交叉反应，导致结果出现假阳性或假阴性。二是食品中的目标物质可能受到加工、烹调等因素的影响，导致抗原—抗体结合反应不灵敏或出现假阴性。此外，食品中的杂质和干扰物质也可能影响检测结果的准确性。

为了提高食品农产品的抗原—抗体检测技术的准确性和可靠性，需要不断优化抗体的特异性和灵敏度，改进检测方法和试剂的质量控制，加强抗体的标准化和规范化管理等方面的研究和实践。同时，随着生物技术的不断发展，新的技术和方法也将不断涌现，为食品农产品的抗原—抗体检测技术的发展带来新的机遇和挑战。

2. 细胞免疫学技术

食品农产品的细胞免疫学检测技术是一种利用免疫细胞的功能和特性来检测食品中目标物质的方法。这种技术通过观察免疫细胞的反应和变化，可以检测食品中的有害物质、微生物、毒素等，为食品安全和质量提供保障。

（1）基本原理

细胞免疫学检测技术的基本原理是利用免疫细胞的特异性和功能，通过观察免疫细胞的反应和变化来检测食品中的目标物质。免疫细胞在受到抗原刺激后，会发生一系列的生理和生化变化，如增殖、分化、分泌等，这些变化可以作为检测指标。

---

① 白淼，杨洁. 浅析食品安全检测中分析化学技术的应用 [J]. 现代食品，2019（15）：63.

（2）主要技术

第一，淋巴细胞增殖试验。淋巴细胞增殖试验是一种常用的细胞免疫学检测技术。它通过观察淋巴细胞在抗原刺激下的增殖情况来检测食品中的抗原或抗体。淋巴细胞增殖试验具有高特异性和灵敏度，可以用于检测食品中的微生物、毒素等有害物质。

第二，细胞毒试验。细胞毒试验是一种通过观察免疫细胞对靶细胞的杀伤作用来检测食品中有害物质的细胞免疫学检测技术。它利用免疫细胞产生的细胞因子和活性氧等物质来杀伤靶细胞，通过观察靶细胞的死亡情况来判断食品中有害物质的含量。

第三，酶联免疫吸附试验。酶联免疫吸附试验是一种将抗原—抗体结合反应与酶催化反应相结合的免疫学检测技术。它通过将抗原或抗体与酶标记的抗体或抗原结合，形成酶标记的抗原—抗体复合物，再加入底物显色，根据颜色的深浅来判断抗原或抗体的含量。酶联免疫吸附试验具有高特异性和灵敏度、操作简便，适用于大量样品的快速检测。

第四，流式细胞术。流式细胞术是一种利用流式细胞仪对单个细胞进行快速分析和测定的技术。它通过将待测样品与特异性抗体相结合，再与荧光标记的二抗相结合，形成荧光标记的抗原—抗体—荧光标记的二抗复合物，然后在流式细胞仪上进行检测。流式细胞术可以同时检测多个指标，具有高灵敏度和高分辨率，适用于食品安全和农产品质量检测。

食品农产品的细胞免疫学检测技术具有高特异性和灵敏度、快速、准确和非破坏性等优点。该技术可以用于检测各种有害物质，并且不需要大型设备和复杂的操作过程，适用于现场快速检测和大量样品的筛选。

然而，食品农产品的细胞免疫学检测技术也存在一些挑战和局限性。比如抗体的制备和筛选需要耗费大量时间和资源，不同来源的食品和农产品中的物质种类和含量差异很大，需要建立针对不同食品和农产品的特异性免疫学检测方法，等等。

为了克服这些挑战和局限性，需要加强抗体的优化和标准化研究，提高免疫学检测技术的特异性和灵敏度；加强食品加工和烹调对目标物质影响的研究，提高检测方法的稳定性和可靠性；加强针对不同食品和农产品的特异性免疫学检测方法的研究和实践，提高检测技术的适用性和准确性。

3. 免疫标记技术

食品农产品的免疫标记检测技术是一种基于免疫学原理和标记技术的分析方法，用于检测食品中的目标物质。该技术通过引入标记物（如荧光染料、放射性同位素、酶等），对抗原或抗体进行标记，从而实现对目标物质的高灵敏度和高特异性检测。

（1）基本原理

免疫标记检测技术的基本原理是利用抗原—抗体反应的特异性，将标记物与抗原或抗体相结合，形成标记的抗原—抗体复合物。该复合物在特定条件下可产生可检测的信号，如荧光、放射性、酶催化反应等，从而实现对目标物质的定量或定性分析。

（2）主要技术

第一，放射免疫技术。放射免疫技术是一种利用放射性同位素作为标记物的免疫分析方法。该技术通过将放射性同位素与抗原或抗体相结合，形成具有放射性的抗原—抗体复合物。利用放射性测量设备对该复合物进行定量测定，可以实现对目标物质的高灵敏度检测。由于放射性同位素的安全性和处理难题，该技术在实际应用中有一定局限性。

第二，荧光免疫技术。荧光免疫技术是一种利用荧光染料作为标记物的免疫分析方法。该技术通过将荧光染料与抗原或抗体相结合，形成具有荧光特性的抗原—抗体复合物。利用荧光显微镜或荧光分光光度计等设备对该复合物进行荧光信号的检测和分析，可以实现对目标物质的快速、灵敏和可视化检测。荧光免疫技术在食品安全和农产品质量检测中具有广泛的应用前景。

第三，酶联免疫技术。酶联免疫技术是一种将酶作为标记物的免疫分析方法。该技术通过将酶与抗原或抗体相结合，形成具有酶活性的抗原—抗体复合物。在特定底物的存在下，该复合物可催化底物产生有色产物或发光产物，利用比色法或发光测量法对该产物进行定量分析，可以间接测定目标物质的含量。酶联免疫技术具有高灵敏度和高特异性、操作简便快速，已成为食品安全和农产品质量检测中的常用方法之一。

第四，化学发光免疫技术。化学发光免疫技术是一种利用化学发光反应作为信号产生的免疫分析方法。该技术通过将化学发光物质与抗原或抗体相结合，形成具有化学发光特性的抗原—抗体复合物。在特定条件下，该复合物可引发化学发光反应并产生光信号，利用光电倍增管等设备对该光信号进行测定和分析，可以实现对目标物质的高灵敏度和高特异性检测。化学发光免疫技术具有背景干扰低、线性范围宽等优点，适用于复杂样品中微量物质的检测。

（3）应用领域

第一，病原微生物检测。食品中的病原微生物是导致食品安全问题的重要因素之一。免疫标记检测技术可以用于检测食品中的细菌、病毒、寄生虫等病原微生物。例如，利用荧光免疫技术可以实现对食品中沙门氏菌、大肠杆菌等病原菌的快速检测；利用酶联免疫技术可以检测食品中的病毒抗体等。这些技术的应用有助于及时发现食品中的病原微生物污染，保障食品安全和人类健康。

第二，农药残留和兽药残留检测。农药和兽药在农业生产中被广泛使用，其残留问题对食品安全和人类健康构成潜在威胁。免疫标记检测技术可以用于检测食品中的农药残留和兽药残留。例如，利用酶联免疫技术可以检测食品中的有机磷农药、氨基甲酸酯类农药等；利用化学发光免疫技术可以检测食品中的抗生素残留等。这些技术的应用有助于监控和控制农药和兽药的使用量，保障食品的安全和质量。

第三，食品添加剂和非法添加物检测。食品添加剂在食品加工过程中起到改善食品品质、延长保质期等作用，但过量或不当使用会对人体健康造成潜在风险。同时，一些非法添加物的使用也会对食品安全构成威胁。免疫标记检测技术可以用于检测食品中的食品添加剂和非法添加物。例如，利用荧光免疫技术可以检测食品中的防腐剂、色素等；利用酶联免疫技术可以检测食品中的瘦肉精等非法添加物。这些技术的应用有助于保障食品的合规性和安全性。

食品农产品的免疫标记检测技术具有高灵敏度和高特异性、操作简便快速、可定量和定性分析等优点，能够实现对复杂样品中微量目标物质的高效检测，为食品安全和质量监控提供了有力手段。

免疫标记检测技术也面临一些挑战和局限性：一是标记物的选择和制备是关键步骤之一，需要确保标记物与抗原或抗体的结合稳定性和反应活性。二是不同样品基质中的干扰物质可能对检测结果产生影响，需要进行有效的样品前处理和净化。相信未来免疫标记检测技术能够更好地满足食品安全和质量监控的需求并发挥更大作用。

（二）按检测目标分类

1. 定性检测

确定抗原或抗体是否存在，但不涉及含量或浓度的测定。常见的定性检测技术有沉淀试验、凝集试验、免疫印迹等。

2. 定量检测

测定抗原或抗体的含量或浓度。常见的定量检测技术有放射免疫分析、酶联免疫吸附试验、时间分辨荧光免疫分析等。

（三）按自动化程度分类

1. 手工免疫学检测

手工操作，灵活性高，适用于小规模实验。常见的有试管法、平板法等。

2. 自动化免疫学检测

利用自动化仪器进行检测，可实现大规模、高通量的检测。常见的有免疫分析仪、流式细胞仪等。

四、免疫学检测技术的特点

（一）高特异性和灵敏度

利用抗原—抗体间的特异性结合反应，可实现高特异性和灵敏度的检测，适用于微量样品和低浓度目标物的检测。

（二）多样性

免疫学检测技术种类繁多，可根据不同需求，选择合适的检测方法。

（三）自动化和标准化

随着技术的发展，越来越多的免疫学检测技术实现了自动化和标准化，提高了检测的准确性和可重复性。

(四)广泛的应用范围

免疫学检测技术可应用于医学、生物学、农业、食品等领域，为各学科的研究和检测提供了有力支持。

(五)局限性和交叉反应

虽然免疫学检测技术具有高特异性和灵敏度，但也可能出现假阳性或假阴性的结果，需要结合临床或其他检查结果进行综合判断。此外，不同物种间存在交叉反应，需注意交叉反应对结果的影响。

(六)质量控制和标准化

由于免疫学检测技术的多样性和复杂性，需要建立严格的质量控制和标准化操作程序，以确保结果的准确性和可比性。

(七)成本和价格

不同免疫学检测技术的成本和价格差异较大，需根据实际需求和经济能力，选择合适的检测方法。

(八)操作难度和技术要求

免疫学检测技术需要一定的操作技能和经验，对操作者的技术要求较高。同时，需注意避免操作过程中可能出现的误差和偏差。

免疫学检测技术具有多种分类方式和特点，选择合适的免疫学检测技术需根据实际需求进行综合考虑。在实际应用中，应注重技术的标准化、质量控制和人员培训，以确保结果的准确性和可靠性。

五、免疫学检测技术的发展趋势

免疫学检测技术是免疫学领域中的重要组成部分，其发展趋势与免疫学研究的进步密切相关。随着科学技术的不断发展和免疫学理论的不断完善，免疫学检测技术也在不断创新和优化。

(一) 高通量、自动化检测技术

随着免疫学研究的不断深入，对样本的检测需求越来越大，要求也越来越高。高通量、自动化的免疫学检测技术可以同时对大量样本进行快速、准确地检测，从而提高检测质量和效率，缩短检测周期，为临床诊断和科学研究提供更好的服务。例如，流式细胞术、蛋白质芯片、微阵列等技术已经成为免疫学研究的重要手段。

(二) 高特异性、高灵敏度检测技术

免疫学检测技术的特异性、灵敏度直接关系检测结果的准确性和可靠性。因此，提高免疫学检测技术的高特异性、高灵敏度是未来的重要发展趋势。通过改进抗体标记技术、信号放大系统等手段，可以提高检测的灵敏度和特异性，降低交叉反应和假阳性、假阴性的发生。

(三) 生物信息学与免疫学检测技术相结合

生物信息学技术的发展为免疫学检测技术提供了新的思路和方法。利用生物信息学的方法对免疫学数据进行处理和分析，可以更好地解析免疫应答的过程和机制，为免疫学疾病的诊断和治疗提供更好的策略和方法。同时，利用人工智能等技术对免疫学数据进行模式识别和预测，可以提高免疫学检测的自动化和智能化水平。

(四) 多组学整合的免疫学检测技术

随着多组学研究的不断发展，免疫学检测技术也需要与其他组学技术进行整合。通过对基因组、转录组、蛋白质组等数据的整合分析，可以更全面地了解免疫系统的功能和机制，为免疫相关疾病的诊断和治疗提供更全面的策略和方法。同时，多组学整合的免疫学检测技术也可以为疫苗研发、药物筛选等领域提供更好的技术支持。

(五) 个体化免疫学检测技术

随着个体化医疗的发展，免疫学检测技术也需要满足个体化医疗的需

求。个体化免疫学检测技术可以针对患者的具体情况和需求，制订个性化的检测方案，提高检测的针对性和准确性。例如，基于基因组学的个体化免疫学检测技术可以预测患者的免疫表型和疾病易感性，从而为个体化治疗提供更好的策略和方法。

(六) 无创、微创免疫学检测技术

无创、微创免疫学检测技术是未来发展的重要趋势之一。通过非侵入性的方式对患者的免疫状态进行检测，可以减少患者的痛苦和不便。例如，利用唾液、尿液等体液中的免疫标志物进行检测，可以实现对疾病的无创诊断。同时，利用纳米技术、生物传感器等技术也可以实现微创、无创的免疫学检测。

第三节　分子生物检测技术

随着生物技术的发展和进步，分子生物学技术作为微生物检测的重要技术手段之一也取得了较大进展，相较传统微生物检测技术，分子生物学技术已实现了快速、简便、低耗等在质量和效率方面的提升，分子生物学衍生的新技术的开发也是未来食品微生物检测领域的重要发展方向。

一、荧光原位杂交技术

荧光原位杂交技术（FISH）是一种应用非放射性荧光物质，依靠核酸探针杂交原理在核中或染色体上显示核酸序列位置的方法，即已知序列的、特异性的单链核酸作为探针，标记了生物素或荧光素，在一定的温度和离子浓度下通过碱基互补配对法则，使 DNA-DNA 原位杂交，采用荧光法显示，最终借助荧光显微镜，通过细菌计数、计算杂交率的方式，定量分析检测结果。

FISH 技术的优势在于安全、快速、灵敏度高，探针能较长时间保存，多色标记，简单直观。另外，由 FISH 技术衍生出的检测技术也具有一定实用性，以 PNA-FISH 技术为例，肽核酸（PNA）作为人工合成的 DNA 类

似物，在杂交亲和性、热稳定性和特异性方面具有一定优势，有研究指出，PNA-FISH 技术在食品中检测致病性单增李斯特菌具有较高的实用性。

二、环介导恒温扩增法

环介导恒温扩增法（LAMP）是 2000 年由日本学者提出的一种恒温核酸扩增方法，其试验过程主要为根据靶基因的 6 个区域，设计出特异的两对外引物和两对内引物，并利用 Bst 链置换酶完成高于 PCR 扩增量的核酸扩增反应。

与常规 PCR 相比，LAMP 不需要模板的热变性、温度循环、电泳及紫外观察等过程，其优点在于恒温扩增，扩增阶段对仪器的要求低；视觉直观检测，不需要检测仪；反应速度快；敏感性高；用多个引物，特异性好；成本较低。有研究指出，LAMP 在检测单增李斯特菌方面具有快速、准确、直观的优势，同时较适合应用于基层现场的实时检测。

三、PCR 检测技术

PCR 检测技术（PCR）即聚合酶链式反应技术，其通过破坏免疫细胞、微生物源，对微生物进行标记，具体的试验原理及过程主要为利用 DNA 分子会在体外 95℃ 高温时会发生变性解旋变成单链，降温到 60℃ 左右时，引物会与单链 DNA 按碱基互补配对原则结合，再升高温度到 72℃ 左右，即 DNA 聚合酶最适反应温度，通过 DNA 聚合酶的反应，特异性地将食品微生物检验中存在的微生物病原检测出来。

随着技术的发展，PCR 技术衍生出了荧光定量 PCR、多重 PCR、巢式 PCR 等，进一步优化了检测手段。实际上，以 PCR 技术为核心的检测方法在食品微生物检测中的应用十分广泛。有研究指出，PCR 技术对蔬菜瓜果中金黄色葡萄球菌等致病菌的检测、真空包装食品中乳酸菌的检测均表现出较好的检测效果。

四、基因组学检测技术

基因组学检测技术是分子生物学检测技术中的重要组成部分，涉及基因组的测序、基因突变检测、基因表达谱分析等方面。

基因组学是研究生物体基因组的结构、功能和演化的科学。基因组学检测技术则是利用基因组学的原理和方法，对生物体的基因组进行检测和分析的技术。这些技术主要包括基因组测序、基因突变检测、基因表达谱分析等。

（一）基因组测序技术

基因组测序是基因组学检测技术的核心，是指通过一定方法将生物体的基因组全部或部分进行测序，从而确定基因组的核苷酸序列。基因组测序对于理解生物体的遗传信息、基因组的结构和功能以及疾病的发生机制等方面具有重要意义。

目前，基因组测序技术已经从第一代测序技术（Sanger 测序）发展到第二代测序技术（高通量测序），再到第三代测序技术（单分子测序）。虽然第一代测序技术准确度高，但通量低、成本高，难以满足大规模测序的需求。第二代测序技术采用了大规模平行测序的策略，大大提高了测序的通量和速度，同时降低了成本。第三代测序技术则进一步提高了测序的速度和准确性，但设备和技术难度较高，仍处于发展阶段。

（二）基因突变检测技术

基因突变是指基因组中核苷酸序列的改变，包括点突变、插入和缺失等。基因突变可以导致遗传性疾病和癌症等疾病的发生。因此，基因突变检测技术对于疾病的诊断和治疗具有重要意义。

基因突变检测技术主要包括直接测序法、单链构象多态性分析（SSCP）、变性高效液相色谱（DHPLC）、微阵列比较基因组杂交（aCGH）等。其中，直接测序法是检测突变最直接的方法，但需要大量 DNA 样本和高通量测序平台；SSCP、DHPLC 和 aCGH 等方法则可以通过检测 DNA 的物理和化学性质变化来间接检测突变。这些方法各有优缺点，应根据具体情况，选择适合的方法。

（三）基因表达谱分析技术

基因表达谱是指生物体在特定条件下所有基因表达状态的集合。通过对基因表达谱进行分析，可以了解生物体的生理和病理状态，以及不同组织或发育阶段的特征。

基因表达谱分析技术主要包括微阵列技术和高通量测序技术。微阵列技术利用特定的探针阵列来检测基因的表达水平，高通量测序技术则通过对RNA进行测序来全面分析基因的表达状态。这些方法可以提供大规模的基因表达数据，有助于深入理解生物体的生物学特征和疾病发生机制。

基因组学检测技术作为现代生物学的重要分支，已经取得了长足的进展，并在多个领域得到广泛应用。随着技术的不断进步和创新，基因组学检测技术的准确性和可靠性不断提高，应用范围也将不断扩大。

五、转录组学检测技术

转录组学检测技术是基因表达分析的重要手段，通过检测特定条件下细胞或组织中所有基因的表达水平，揭示生物体的生理状态、疾病发生机制以及药物作用机理等方面的信息。转录组学检测技术主要包括反转录聚合酶链式反应（RT-PCR）、荧光定量PCR、高通量测序等技术。

转录组是指特定细胞或组织在某一生理或病理状态下，基因组DNA转录为RNA的总和。转录组学检测技术则是通过检测这些RNA的表达水平，了解基因的表达状态和调控机制。转录组学检测技术对于深入理解基因表达调控、细胞分化和发育、疾病发生机制等方面具有重要意义。

（一）反转录聚合酶链式反应（RT–PCR）

RT-PCR是一种将RNA逆转录为cDNA并进行PCR扩增的技术。该技术具有高灵敏度、高特异性和可定量等优点，是转录组学检测技术的常用方法之一。RT-PCR既可以用于检测单个基因的表达水平，也可以用于检测多个基因的表达谱。此外，通过设计引物，RT-PCR还可以用于检测基因的剪接体和基因表达的亚细胞定位。

（二）荧光定量PCR

荧光定量PCR是在传统PCR的基础上添加荧光标记探针，通过荧光信号的实时监测来实现对PCR循环的实时监控。与传统的RT-PCR相比，荧光定量 PCR 具有更高的灵敏度和特异性，可以用于检测低拷贝数的 RNA。此外，荧光定量 PCR 还可以用于研究基因的表达差异和基因突变等。

（三）高通量测序技术

高通量测序技术，又称为下一代测序技术，可以在一次实验中完成大量基因的表达谱分析。高通量测序技术主要包括全转录组测序（Whole Transcriptome Sequencing, WTS）和单分子测序（Single-Molecule Sequencing）。全转录组测序可以检测细胞或组织中所有基因的表达水平，包括已知基因和未知基因，并提供完整的转录组图谱；单分子测序则可以实现单个 RNA 分子的测序，具有更高的灵敏度和分辨率。

六、蛋白质组学检测技术

蛋白质组学检测技术是生物科学研究中的重要手段，主要应用于蛋白质表达分析、蛋白质修饰与定位以及蛋白质相互作用等方面的研究。

蛋白质组学是研究细胞、组织或生物体中蛋白质组成、表达和功能的一门科学。蛋白质组学检测技术则是用于分析和鉴定蛋白质的一组技术，主要包括蛋白质表达分析、蛋白质修饰与定位以及蛋白质相互作用等技术。这些技术对于理解生命活动的调控机制、疾病发生机制以及药物作用机理等方面具有重要意义。

（一）蛋白质表达分析技术

蛋白质表达分析是蛋白质组学研究的基础，主要通过比较不同条件或状态下蛋白质的表达水平，了解蛋白质的生物学功能。蛋白质表达分析技术主要包括双向电泳和质谱分析等。

第一，双向电泳（2-DE）。双向电泳是一种分离蛋白质的技术，通过等电聚焦和 SDS- 聚丙烯酰胺凝胶电泳分离蛋白质，并利用图像分析软件对蛋白质进行定量和定性分析。该技术具有较高的分辨率和灵敏度，但实验过程较为烦琐，且难以检测低丰度蛋白质。

第二，质谱分析（MS）。质谱分析是一种通过检测分子质量来鉴定蛋白质的技术。该技术具有高灵敏度、高分辨率和高准确性等优点，可同时对多个蛋白质进行检测和鉴定。质谱分析在蛋白质组学研究中得到了广泛应用，为深入了解生命活动提供了重要信息。

（二）蛋白质修饰与定位技术

蛋白质修饰与定位对于蛋白质的功能和调控具有重要作用。常见的蛋白质修饰与定位技术包括磷酸化、糖基化、乙酰化等。

第一，磷酸化。磷酸化是一种常见的蛋白质修饰方式，主要通过将磷酸基因转移到蛋白质上来调节蛋白质的活性。磷酸化修饰对于信号转导、细胞周期调控等方面具有重要作用。磷酸化检测技术主要包括抗体亲和纯化和质谱分析等。

第二，糖基化。糖基化是一种重要的蛋白质修饰方式，主要在糖链与蛋白质的氨基酸残基上形成糖苷键。糖基化对于细胞识别、病毒侵染等方面具有重要作用。糖基化检测技术主要包括糖蛋白纯化、质谱分析和糖链合成等。

第二，乙酰化。乙酰化是一种调节蛋白质活性的修饰方式，主要通过将乙酰基因转移到蛋白质的赖氨酸残基上。乙酰化修饰对于转录调控、细胞代谢等方面具有重要作用。乙酰化检测技术主要包括抗体亲和纯化和质谱分析等。

（三）蛋白质相互作用技术

研究蛋白质之间的相互作用是深入了解生命活动的重要手段。常见的蛋白质相互作用技术包括免疫共沉淀、酵母双杂交和蛋白质芯片等。

第一，免疫共沉淀（IP）。免疫共沉淀是一种利用抗体捕获目标蛋白质，并通过共沉淀其他与之相互作用的蛋白质来进行研究的技术。该技术具有高特异性、高灵敏度等优点，但实验过程有点复杂，需要大量抗体资源。

第二，酵母双杂交。酵母双杂交是一种利用酵母细胞进行蛋白质相互作用研究的实验技术。该技术可同时对多个蛋白质进行筛选和分析，具有高通量和高可靠性等优点。但实验过程较为烦琐，需要构建特定的杂交系统。

第三，蛋白质芯片。蛋白质芯片是一种高通量的蛋白质相互作用研究技术，通过将目标蛋白固定在芯片上，与其他蛋白质进行反应，从而检测相互作用。该技术具有高通量、高灵敏度等优点，但需要制备特定的芯片和大量的蛋白质资源。

分子生物学技术本身具有区别于传统检测技术的优势，可以为食品微生物检验带来不可替代的影响，将成为未来食品微生物检测领域的重要发展方向之一，但是目前其在食品微生物检测领域仍存在一定挑战，值得相关从业者和学者进一步探索。

从分子生物学技术本身而言，技术本身具有优势的同时，也存在一定局限性，包括失活微生物残留的 DNA 造成的假阳性结果、定量问题等，其中较为主要的局限为定量问题，致病微生物的数量决定其是否真正能够带来致病结果，同时致病微生物限量测定也是国家标准中所包含的重要内容之一，因此分子生物学技术得到普及的前提是实现食品微生物的定量检测。

总之，提高食品微生物检测能力对于进一步保障食品安全具有较重要意义，而探索分子生物学技术在食品微生物检测的应用无疑是其未来发展的重要趋势之一。现阶段，分子生物学与传统检测手段相结合无疑成为阶段性的成果，未来的发展仍需要关注分子生物学技术更多衍生技术的应用以及所存在的挑战和解决策略。

第四节　生物传感器技术

一、生物传感器的基本原理

生物传感器的基本原理是利用生物敏感元件与目标物质之间的相互作用，将生物敏感元件识别目标物质后产生的生物学反应转化为可定量和可处理的电信号，再经相应的物理或化学换能器转变成可定量和可处理的电信号，最终输出可测量的信号。

生物敏感元件是生物传感器中的核心部分，可以将目标物质转化为可测量的电信号。常见的生物敏感元件包括酶、抗体、核酸、细胞等生物物质，它们通过与目标物质之间的相互作用，引发一系列生物学反应。

在生物传感器中，换能器的作用是将生物敏感元件与目标分子之间的相互作用转换成可测量的电信号。常见的换能器包括电化学电极、热敏电阻、光纤等。

二、生物传感器的分类与设计

生物传感器是一种利用生物物质作为敏感元件，将生物信号转换为电信号进行检测的装置。根据不同的分类标准，生物传感器有多种分类方式，具体如下。

按照生物敏感元件的种类，可以分为酶传感器、抗体传感器、细胞传感器、DNA 传感器等。酶传感器是最早发展起来的生物传感器，主要用于检测与酶催化反应相关的物质，如葡萄糖、乳酸等[1]；抗体传感器则是利用抗体与抗原的特异性结合来检测目标物质，如病毒、细菌等；细胞传感器是利用细胞作为敏感元件，用于检测细胞表面受体与配体之间的相互作用，如细菌、毒素等；DNA 传感器则是利用 DNA 的特异性序列来检测目标 DNA 或 RNA，主要用于基因诊断和食品安全检测等领域。

按照换能器的类型，可以分为电化学型、热敏型、光学生物传感器等。电化学型生物传感器是将生物反应转换成电化学信号，通过电位或电流的变化来检测目标物质；热敏型生物传感器将生物反应转换成温度变化，通过温度变化来检测目标物质；光学生物传感器则是利用光学原理将生物反应转换成光信号，通过光信号的变化来检测目标物质。

在设计生物传感器时，需要考虑敏感元件的选择、固定化方法、信号转换方式等因素。敏感元件是生物传感器的核心部分，需要根据具体的应用场景；选择合适的敏感元件；固定化方法是将敏感元件固定在传感器的基底上，常用的方法包括吸附、包埋、共价键合等；信号转换方式则是将敏感元件与目标物质之间的相互作用转换成可测量的电信号，需要选择合适的换能器来实现信号转换。

三、生物传感器的材料

（一）敏感元件

敏感元件直接决定了传感器对目标物质的识别能力。敏感元件既可以是酶、抗体、核酸、细胞等生物物质，也可以是具有生物活性的无机材料或

① 文天星. 浅谈我国农产品的质量安全管理 [J]. 山西农经, 2016(6)：50.

有机高分子材料。根据不同的应用需求，选择合适的敏感元件至关重要。

(二) 基底材料

基底材料是用于固定敏感元件的物质，需要具有良好的物理和化学稳定性、生物相容性和可加工性。常用的基底材料包括玻璃、硅片、聚乙烯、聚丙烯等。选择合适的基底材料可以实现对敏感元件的有效固定，提高生物传感器的稳定性和使用寿命。

(三) 修饰材料

修饰材料是对基底材料进行改性或对敏感元件进行修饰所使用的物质，可以增强生物传感器对目标物质的特异性识别和信号转换能力。常用的修饰材料包括纳米材料、量子点、高分子材料等。通过合理的修饰可以提高生物传感器的灵敏度和选择性。

四、生物传感器的制备

生物传感器的制备主要包括敏感元件固定化、信号转换系统的构建和修饰步骤。

(一) 敏感元件固定化

固定化是将敏感元件稳定地固定在基底材料上的过程，是制备生物传感器的关键步骤。常用的固定化方法包括物理吸附法、包埋法、共价键合法等。这些方法有各自的优缺点，需要根据敏感元件的性质和应用需求，选择合适的固定化方法。

(二) 信号转换系统的构建

信号转换系统是将敏感元件与目标物质之间的相互作用转换成可测量的电信号的过程。根据敏感元件和目标物质的不同性质，可以选择不同的信号转换方式，如电化学、热学、光学等。构建高效的信号转换系统可以提高生物传感器的响应速度和灵敏度。

（三）修饰步骤

修饰步骤是对基底材料或敏感元件进行改性或修饰的过程，可以提高生物传感器对目标物质的识别能力和信号转换能力。常用的修饰方法包括化学修饰、纳米修饰、基因工程修饰等。通过合理的修饰可以显著提高生物传感器的性能。

在实际制备过程中，需要综合考虑敏感元件的性质、基底材料的稳定性、修饰材料的效应等因素，制定合适的制备工艺流程，以保证生物传感器的高性能和稳定性。此外，为了实现生物传感器的低成本和高通量应用，还需要研究和发展新型的制备技术和工艺。

总之，生物传感器的材料与制备是一个复杂的过程，需要精细的实验设计和严格的工艺控制。随着新材料、新技术的不断涌现，相信未来会有更多高性能、低成本的生物传感器应用于各个领域，为人类的生活和健康提供更好的保障。

五、生物传感器的性能评价

生物传感器的性能评价是评估其在实际应用中的表现和性能的重要环节。

（一）灵敏度

灵敏度是生物传感器的一个重要性能指标，表示传感器对目标物质的最小响应能力。灵敏度越高，表示传感器对目标物质的变化越敏感，能够检测到的浓度或变化范围越小。在性能评价中，通常会测试生物传感器在不同浓度或不同物质作用下的响应，以评估其灵敏度。

（二）线性范围

线性范围是指生物传感器在一定范围内对目标物质的响应与物质浓度呈线性关系的范围。线性范围越宽，表示传感器的应用范围越广。在性能评价中，通常会测试生物传感器在不同浓度水平下的响应，并绘制响应曲线，以评估其线性范围。

（三）选择性

选择性是指生物传感器对目标物质的特异性识别能力。在复杂的样品中，生物传感器需要能够区分目标物质和其他干扰物质，并做出准确响应。选择性好的生物传感器能够降低交叉反应和干扰物质的影响，提高检测的准确性和可靠性。在性能评价中，通常会测试生物传感器对目标物质和其他类似物质的响应，以评估其选择性。

（四）稳定性

稳定性是指生物传感器在长时间内保持稳定性能的能力。稳定性好的生物传感器能够在实际应用中保持较长的使用寿命和可靠的检测性能。在性能评价中，通常会测试生物传感器在不同时间点或连续使用情况下的响应，以评估其稳定性。

（五）响应时间

响应时间是生物传感器对目标物质变化做出响应所需的时间。快速响应的生物传感器能够及时反映物质变化，提高检测的实时性和准确性。在性能评价中，通常会测试生物传感器在不同浓度或不同物质作用下的响应时间，以评估其响应速度。

（六）抗干扰能力

抗干扰能力是指生物传感器在实际应用中抵御其他因素干扰的能力。在实际应用中，生物传感器可能受到各种环境因素和操作条件的影响，如温度、pH值、共存物质等。抗干扰能力强的生物传感器能够降低这些因素的影响。在性能评价中，通常会测试生物传感器在不同环境因素和操作条件下的响应，以评估其抗干扰能力。

生物传感器的性能还受到使用条件、样品处理方式、操作便捷性等因素的影响。因此，在性能评价中需要综合考虑各种因素，对生物传感器的性能进行全面评估；还需要通过大量的实验验证和比较不同生物传感器的性能差异，选择最适合实际应用需求的传感器类型和制备工艺。

生物传感器的性能评价是一个复杂的过程，需要精细的实验设计和严格的测试程序。通过全面的性能评价，可以评估生物传感器的实际应用效果和表现，为后续的研究和应用提供有价值的参考信息。

第五节　纳米检测技术

纳米技术，或称纳米科学，是一种研究在纳米尺度（1 纳米等于 10^{-9} 米）上材料的性质和应用的技术。这个尺度是原子和分子尺度，在这个尺度上，物质的性质会发生显著变化，因此可以创造出具有独特性能的新材料和系统。纳米技术涉及的领域非常广泛，包括纳米物理学、纳米化学、纳米生物学等。

一、纳米技术的理论基础

(一)纳米尺度效应

在纳米尺度上，由于量子效应和表面效应的影响，物质的电子结构和物理性质会发生显著变化。这些变化使纳米材料具有独特的电学、光学、磁学和化学性质，可用于制造性能优异的纳米器件。

(二)纳米颗粒的合成与制备

纳米颗粒是纳米技术的基础，其合成与制备方法多种多样，包括物理法、化学法、生物法等。这些方法可以根据需要合成出不同形状、大小和组成的纳米颗粒，为进一步应用研究打下基础。

(三)纳米尺度的测量和控制

由于纳米尺度非常小，对其测量和控制需要特殊的设备和手段，如电子显微镜、原子力显微镜、X 射线晶体学等是常用的测量手段，而扫描隧道显微镜、原子操纵技术等则可以实现纳米尺度的精确控制。

二、纳米技术的实际应用

(一) 食品包装

纳米技术在食品包装中的应用主要体现在增强包装材料的阻隔性能、抗菌性能和机械性能等方面。通过添加纳米粒子，如纳米银、纳米二氧化钛等，可以显著提高包装材料的阻隔性能，延长食品的保质期。这些纳米粒子还具有良好的抗菌性能，可以有效抑制食品中微生物的生长，保证食品的安全性。此外，纳米技术还可以用于制造智能包装材料，如温度指示剂、氧气指示剂等，方便消费者了解食品的储存状态。

(二) 食品添加剂

纳米食品添加剂主要是指以纳米形态存在于食品中的物质，如纳米胶囊、纳米乳液等。这些纳米食品添加剂具有提高食品营养价值、增强食品口感和改善食品稳定性等作用。例如，纳米胶囊可以将活性成分包裹在内部，防止其在加工和储存过程中损失，从而提高食品的营养价值；纳米乳液可以改善食品的口感和质地，使其更加美味可口。

(三) 农产品生产

纳米技术在农产品生产中的应用主要体现在提高肥料利用率、增强植物抗逆性和提高农产品产量等方面。通过制备纳米肥料，可以使肥料中的养分更容易被植物吸收利用，减少养分的流失和浪费。纳米技术还可以用于制备植物生长调节剂，增强植物的抗逆性，提高其对病虫害和逆境的抵抗能力。此外，利用纳米技术还可以制备智能农业传感器，实时监测土壤和植物的生长状况，为精准农业提供有力支持。[①]

纳米技术为食品与农产品领域带来了革命性变革。它不仅可以提高食品和农产品的安全性和质量，还可以促进其可持续发展。但是，我们也应该意识到纳米技术的潜在风险和成本问题，并采取有效措施来解决这些问题。

纳米技术是一个充满机遇和挑战的领域。虽然我们已经取得了一些重

---

① 张昆娴. 蔬菜水果中农药残留量检测技术 [J]. 现代食品，2018(9)：55.

要的成果和突破，但仍然需要继续努力研究和开发新的技术和应用。只有通过不断探索和创新，我们才能够充分发挥纳米技术的潜力，为人类社会的发展做出更大贡献。

第四章　食品检验检测的实践

第一节　畜产品的检验检测

一、畜产品检验检测的重要性

(一) 有效控制畜禽制品药物过量使用

畜产品质量安全会对畜禽市场秩序稳定和消费者的身体健康造成严重影响。最近几年，动物饲养过程中饲料和饲料添加剂的种类不断增多，很多养殖户为在短时间内获得较高的经济效益，不顾法律的要求，随意添加饲料添加剂，促进动物生长，同时很多养殖户为了防止动物疾病的发生，向饲料中添加大量的抗生素和药剂。有些养殖户在牲畜出栏前一周还在违规使用抗生素等药品，导致牲畜抗生素含量剧增，给消费者健康造成严重的威胁。为了切实保证畜产品市场秩序的稳定和畜产品质量的安全可靠，需要畜产品监测检验部门做好畜产品检验工作。监测部门应该根据上级部门下达的任务，定期或者不定期对市场上的饲料、饲料添加剂的质量进行安全检验，同时还要定期到养殖场对饲料和兽药的使用情况进行监测和检验，向养殖户宣传安全用药常识，特别是在出栏前用药一定要设置安全期，避免上市畜产品存在药物残留问题。

(二) 保障群众生命健康安全

畜产品监测检验工作质量的好坏关系到广大人民群众的身体健康，如果没有做好畜产品监测检验工作，畜产品的品质和质量安全就得不到保证，消费者购买到的畜产品就可能存在巨大的安全问题，从而影响群众的生命健康安全。最近几年，我国居民物质消费水平不断提升，畜产品的问题也越来越突出，畜产品监测检验工作是保障畜产品质量安全的根本，只有做好这方面的工作，才能保证畜产品的质量安全，才能更好地促进企业规范自己的生产行为，不做违法的事情。畜产品检测检查工作从各个方面要保证公平、公开、妥善处理，切实保证人民群众的健康安全。

(三) 维护社会秩序稳定

畜产品监测检验工作的开展和实施，可以维护社会秩序稳定。我们经常会看到一些畜产品安全问题的相关报道，一些具有高药物残留的畜产品在没有经过相应检验前就进入市场销售。近年来，畜产品提升抗生素的残留量越来越大，消费者在使用这些畜产品之后，药物会进入人的体内，并产生堆积，对人体脏器产生危害。同时，不安全的畜产品市场还会造成社会成员的恐慌心理，对维护社会稳定十分不利。在这个过程中，畜产品监测检验工作起到了十分重要的作用。畜产品监测检验能够切实保证畜产品的质量安全，对促进养殖业健康发展，规范养殖户和生产企业的生产行为有着十分重要的作用和意义。畜产品监测检验部门通过定期对养殖场、市场上畜产品药物残留、用药是否科学合理以及是否存在使用违禁药品监测，并将检验结果上报上级政府部门，为上级部门做好食品安全管理提供充足的依据，切实稳定社会秩序。此外，畜产品监测检验工作还有利于相关人员对市场做出准确判断，促进国家经济发展，提升养殖户经济收入，社会发展更加和谐。

二、畜产品检验检测的环节

(一) 样品的采集环节

在畜产品质量安全检测工作中，样品的采集是很重要的一个环节，所采集的样品是否具有代表性，是否随机采样，都会对检测结果造成很大的影响。在整个样品采集环节，无论是采样人还是采样环境，都需要进行严格的控制，采样人员要受过良好培训，采样环境要符合规定。尤其是对于采集的样品，要确保具有代表性，采样数量一方面要满足检测需要，另一方面要能够代表所采的样品；采样工具不能被污染，要做好采样工具的清洁工作，防止交叉污染。

（二）样品制备环节

样品在检测之前需要进行样品制备，在这个环节中要保证样本的均匀性，要使最终检测的样品能够代表整个样本。要根据样品形态的不同，如液态、固态、半固态等形态合理制定相应的样品制备程序。在粉碎、混匀等过程中，要严格做好工具的清理工作，防止交叉污染；还要对环境进行控制，要确保制样环境没有受到待检测药物、违禁添加物等的污染。

（三）样品前处理环节

样品前处理是整个检验检测过程十分重要的一个环节，通过此环节，把样品中的药物残留提取出来是非常重要的，也是检验结果是否可靠的关键。要选择合适的检验检测方法，如液液萃取法、固相萃取法、蒸发浓缩法等，各种不同的方法对于药物残留的提取效率有不同的影响，因此，选择合适的提取方法、浓缩方法可以达到事半功倍的效果。目前很多检验检测机构配备了高效液相色谱串联质谱仪，在检测过程中加入合适的同位素内标可以提高回收率，使检验数据更加准确。

（四）仪器检验环节

针对不同的检验项目，选择合适的仪器。在检测兽药残留时，一般选择液相色谱仪或者高效液相色谱串联质谱仪，在上机检测时要注意保证流动相选择正确，仪器各种参数设置正确，数据处理时人为判断正确等。在检测重金属等元素时，一般选择原子吸收分光光度计，要注意原火焰法时燃气的比例，元素灯选择是否正确，石墨炉法时载气、冷却水是否有保证。在数据分析时，要确保标准曲线线性良好，检测结果在线性范围内。

三、畜产品检验检测的完善策略

（一）完善监督制度

国家食品检验检测部门要制定并出台相关的法律制度，对畜产品检验检测工作进行详细阐述，并给予明确的法律特性，为检验检测工作提供法律依据。目前存在缺少畜产品检测人员、对畜产品质量安全问题的理解程度薄弱、解决问题能力弱等问题，需要加强培训和交流学习。此外，政府还应当建立健全监督机制，并不断强化监管力度，从而让畜产品检验检测工作更加公开化、透明化，从而有效避免出现违法违规的行为，切实落实畜产品的检测制度。

（二）加大宣传力度

畜牧行业的可持续发展以及人们的健康皆与畜产品的品质安全息息相关，所以在行业战略转型的关键时期，必须加大力度积极宣传畜产品检验检测工作的必要性，从而深化社会大众对畜产品检验检测工作的认知，在很大程度上提高检验检测人员的责任感和使命感，充分激发从业人员的工作热情以及主动性，为大幅提高畜产品检验检测工作的质量提供有利条件。

（三）加大资金投入

为了更好地推动新常态下的战略转型，顺利实现提质增效的发展模式，政府有关部门不仅加大力度激活市场动力，更投入了大量的资金用来研发更为先进的检验检测技术。食品安全质检部门以及食品经营企业要积极推动技术创新，对检验检测设备不断进行优化升级，从而促进检验检测工作水平的快速提升。

第二节　水产品的检验检测

一、水产品质量安全的重要性

随着国民经济的快速发展，城乡居民生活水平不断提高，人们的饮食结构正发生深刻的变化。水产品以低脂肪、低胆固醇、高蛋白、营养丰富、味道鲜美等特点，成为广大消费者青睐的食品之一。我国是水产养殖大国，海水养殖产量约占全球海水养殖总产量的80%以上，渔业是我国大农业的主要支柱之一，因此，加强水产品质量安全管理具有极其重要的意义。

第一，提高水产品质量安全有利于保障消费者的生命健康。我国是水产品的生产和消费大国，水产品的质量安全直接关系到消费者的身体健康与生活质量。水产品与其他肉类产品相比，微生物更易在其体内繁殖，各种致病菌、病毒和寄生虫会寄生于水产品的肠道、皮肤、肌肉等部位，当人们生食这类"带病"水产品时很可能患上难以治愈的食源性疾病。由食源性疾病引发的食品安全问题，会严重地影响消费者的生命健康。因此，加强水产品质量安全管理直接关系到消费者的生命安全和身体健康。

第二，提高水产品质量安全有利于国民经济的发展和社会稳定。中华人民共和国成立以来，特别是改革开放以来，我国水产业取得了举世瞩目的成就。我国水产业经过几十年的快速发展，已经形成了"养殖场 / 捕捞地 (生鲜或初加工水产品) ——水产品专业市场——市场、零售——餐饮业、消费者"的一整套完整的水产品产业链。产业链的形成与发展还带动了诸如设备制造、商业服务业、贸易、流通领域、仓储业、饲料产业等为水产业提供产品和服务等相关行业的发展，增加了就业岗位，扩大了就业人数，极大地促进了国民经济的发展和社会的稳定和谐。特别是在目前经济增速减缓的情况下，强化水产品质量安全，加快水产业的发展，对于"扩内需、调结构、保增长、促稳定"更具有特别重要的意义。

第三，提高水产品质量安全有助于提升我国水产品的国际竞争力。水产品的国际贸易为我国增加外汇储备、提高渔民收入、改善人民生活质量起到了重要的作用。然而，在对外贸易中，水产品的质量安全问题却严重制约了我国的水产品出口，特别是在我国加入 WTO 之后，技术性贸易壁垒已成为目前水产品出口面临的主要障碍。因此，提高我国水产品国际竞争力，加强水产品质量安全管理，全面提升水产品质量安全水平成为当务之急。

二、水产品检验检测的方法

(一) 高效液相色谱

高效液相色谱法是在经典色谱法的基础上，引用气相色谱的理论，在技术上，流动相改为高压输送 (最高输送压力可达 4.9107Pa)；色谱柱是以特殊的方法用小粒径的填料填充而成，从而使柱效大大高于经典液相色谱 (每米塔板数可达几万或几十万)；同时柱后连有高灵敏度的检测器，可对流出物进行连续检测。

（二）高效液相色谱—串联质谱法

高效液相色谱是一种准确度高、分离范围广的快速分离方法，对化合物的结构破坏性小，适合有机分子和生物分子的分离。质谱具有其他分析方法无可比拟的灵敏度，对于未知化合物的结构分析定性十分准确，对相应的标准样品要求也比较低。质谱可以和高效液相色谱联用。由于色谱和质谱灵敏度相当，再加上分离效果很好的色谱可以作为质谱的进样系统，质谱作为色谱的鉴定仪速度快、分离好、应用广。色谱—质谱联用成为最好的用于分析微量有机混合物的仪器。

（三）其他联用

各种分析方法联用是现代兽药残留分析乃至整个分析化学方法上的发展特点，计算机的应用加速了这个趋势。联用技术可扬长避短，一般集分离、定量和定性（分子结构信息）于一体，因而特别适用于确证性分析。常见的联用有 GC- 质谱（MS）、LC（色谱）-MS 等。质谱无疑可作为色谱技术的通用型检测器。使用微型柱和适宜的接口技术，如热喷雾（TSP）、微粒束（PB）等解决了色谱与 MS 难以连接的问题；使用软电离方法，如快原子轰击（FAB）、场解吸（FD）等解决了难气化物质的离子化问题；联用结合了色谱快速高效分离和 MS 等快速定性的优点，提高了兽药残留的检测速度，拓宽了检测的范围。微生物检测法很早就被用于检测抗菌药物的残留测定，如纸片法（PD）、拭子法（STOP）等。传统的微生物检测方法，缺点是时间长，显色状态判断通过肉眼辨别，易产生误差，对微红色者无法做出准确判断，操作复杂。

（四）免疫层析法

进入 20 世纪 90 年代，免疫检测方法得到了飞速发展，推动了药物残留检测发展的进程，一系列免疫检测试剂盒的生产与应用加快了残留分析的标准化。目前，兽药快速检测 ELISA 试剂盒已大量生产和销售，广泛用于动物性产品中兽药残留的检测。国内已经有几家实验室开始研制试剂盒，其中一些试剂盒检测限、回收率、重复性、再现性、特异性等主要技术指标均达到国外试剂盒水平，部分指标高于国外试剂盒水平，满足残留快速检测要求，适合用于我国动物性食品兽药残留的快速筛选。目前，市场上出现的 ELISA 试纸条检测法，操作比试剂盒简单，提高了检测速度，降低了检测费用，能进行现场、实时监测，但可靠性较差，普遍出现假阳性和漏检的情况。

（五）生物传感器技术

这是近年来发展起来的新型、高效的分析方法。所谓生物传感器即由生物活性物质作为敏感元件，即生物识别系统（感受器），再配上适当的换能器及输出显示装置所构成的分析工具。其原理为分子识别部分与被识别物质相接触，可发生化学变化、热变化、光变化以及直接诱导电信号，而后利用电学测量方法进行检测和控制及显示输出。生物传感器的种类包括离子选择电极传感器、气敏电极传感器、酶免疫传感器、压电晶体传感器等，可测定离子、气体、底物、酶、抗生素、维生素等物质。

第三节　果酒的检验检测

一、苹果酒的检验检测

苹果酒又称西打酒，是以新鲜或发酵后的苹果汁为原料，通过发酵过程产生的酒精饮料。它既可作为休闲饮品，也可作为庆祝活动中的佳酿。苹果酒的种类繁多，根据甜度、酒精度、澄清度等不同，可分为干型、半干型、甜型、气泡型等。苹果酒作为一种传统的果酒饮品，其品质与安全直接关系到消费者的健康和体验。因此，对苹果酒进行严格的检验检测至关重要。

（一）生产原料与工艺

1. 原料选择

优质苹果是酿造好酒的基础。通常选用酸甜适中、香味浓郁、果肉坚实的苹果品种，如金冠、红星、格兰尼史密斯等。原料的新鲜度直接影响苹果酒的风味和色泽。

2. 生产工艺

（1）榨汁。将选好的苹果清洗干净后压榨成汁。

（2）澄清。自然沉降或通过添加澄清剂去除悬浮物，提高果汁透明度。

（3）发酵。加入酵母进行酒精发酵，温度控制在 18～24℃，其间会产生二氧化碳和酒精。

（4）陈酿。发酵结束后，苹果酒可能需要在木桶或不锈钢罐中陈酿，以增进风味。

（5）瓶装与杀菌。最后进行过滤、调整糖度和酸度，然后瓶装并采用巴氏杀菌或冷灭菌确保产品稳定性。

（二）质量标准

各国对苹果酒的质量标准有所不同，但通常包括以下几个关键指标。

第一，酒精度。一般在 2%～8.5%。

第二，总酸度。影响口感的酸甜平衡，需符合特定范围。

第三，pH 值。影响微生物稳定性和风味，通常介于 3.0～4.0。

第四，残留糖分。决定苹果酒的甜度，根据类型不同有不同的要求。

第五，感官特性。包括色泽、香气、味道和外观等。

（三）常见的检测项目与方法

1. 微生物检测

细菌总数和大肠杆菌。采用平板计数法，评估卫生状况。

酵母菌和霉菌。通过特定培养基分离鉴定，确保无有害菌污染。

2. 化学成分分析

第一，酒精度测定。使用酒精计或气相色谱法。

第二，酸度测定。通过滴定法测定总酸和挥发酸。

第三，糖分含量。采用折射仪或高效液相色谱法。

3. 感官评价

由专业品鉴员根据外观、香气、口感和余味进行评分，确保产品符合预期风格。

(四) 安全与质量控制

第一，原料控制。严格筛选原料，避免农药残留和重金属污染。

第二，生产环境。保持生产环境的清洁卫生，定期消毒。

第三，过程监控。在发酵、陈酿等关键环节实施严格监控，记录各项参数。

第四，成品检测。每批产品出厂前必须经过全面的理化和微生物检测，确保符合国家或国际食品安全标准。

第五，追溯体系。建立完整的追溯体系，一旦发现问题，能迅速追踪源头并采取措施。

苹果酒的检验检测是保障产品质量和消费者安全的关键环节。通过对原料的选择、生产工艺的优化、严格的质量标准执行以及科学的检测方法应用，可以有效提升苹果酒的整体品质。随着技术的进步和消费者健康意识的增强，未来苹果酒的检验检测将更加精细化、标准化，以满足市场对高品质、安全饮品的需求。

二、葡萄酒的检验检测

葡萄酒作为全球广泛消费的酒精饮品之一，其品质与安全性对于消费者体验至关重要。从葡萄种植、采摘、酿造到最终成品，每一个环节都需要严格的质量控制与检验检测。

葡萄酒是以新鲜葡萄或葡萄汁为原料，通过自然发酵过程产生的酒精饮料。其种类丰富，依据颜色分为红葡萄酒、白葡萄酒和桃红葡萄酒；按含糖量又可分为干型、半干型、半甜型和甜型等。葡萄酒不仅是一种饮品，更是一种文化象征，其品质评价涉及色泽、香气、口感等方面。

(一) 总糖和总酸

葡萄酒中的总糖和总酸是区分葡萄酒类型的重要指标之一。

"总糖"是指葡萄酒中所含糖的总量，主要包括葡萄糖、果糖和蔗糖。葡萄酒中含糖量的高低决定了葡萄酒的类型，如干型、半干型、半甜型和甜型。

"总酸"用于衡量葡萄酒中酸的含量，为非挥发酸和挥发酸的总和，一般结果以酒石酸计，该值越高则酸度越高。葡萄酒中的酸主要为酒石酸、苹果酸和柠檬酸。酸之于葡萄酒，就如骨头之于身体，没有酸的葡萄酒就没有架构。酸度赋予葡萄酒清新的口感，影响葡萄酒的平衡感，同时也会刺激唾液分泌从而解渴，促进人体新陈代谢。

实验室使用 GB/T 15038-2006《葡萄酒、果酒通用分析方法》中 4.2 直接滴定法测定葡萄酒中总糖含量。实验原理是利用费林溶液与还原糖共沸，生成氧化亚铜沉淀的反应，以次甲基蓝为指示剂，以经过水解后的样品滴定煮沸的费林溶液，达到终点时，稍微过量的还原糖将蓝色的次甲基蓝还原为无色，以示终点，根据样品消耗量求得总糖含量。

用 GB 12456-2021《食品中总酸的测定》中第一法酸碱指示剂滴定法，第二法 pH 计电位滴定法或第三法自动电位滴定法测定葡萄酒中的总酸，这 3 种方法均是利用酸碱中和的原理，用碱标准溶液滴定样品中的酸，根据碱的用量计算总酸含量。

通过总糖含量确定葡萄酒类型：干型葡萄酒总糖含量小于 4g/L、半干型（4.1～12.0）g/L、半甜型（12.1～45.0）g/L、甜型大于 45g/L；当总糖和总酸的差值小于等于 2g/L 时，干型葡萄酒的总糖含量最高可到 9g/L，半干型的总糖含量最高可到 18g/L。

（二）甲醇

葡萄酒中的甲醇主要来自植物组织本身。对于葡萄果实来说，其细胞壁上含有大量的果胶，与纤维素、半纤维素、木质素等分子交联构成细胞组织的支撑结构。果胶的本质是半乳糖醛酸聚糖，其侧链可被酯化。在果胶酶存在的情况下，酯化的果胶就可以产生甲醇。甲醇的产生主要与葡萄的皮与籽部分有关，因此，在连皮发酵的红葡萄酒中，甲醇的含量也会更高一点。

目前实验室使用 GB 5009.266-2016《食品安全国家标准食品中甲醇的测定》测定葡萄酒中甲醇，实验原理是蒸馏去除酒中的不挥发性物质，加入内标，经气相色谱分离，氢火焰离子化检测器检测，以保留时间定性，内标法定量。

GB 15037-2006《葡萄酒》中要求红葡萄酒中的甲醇含量小于等于 400mg/L，白葡萄酒和桃红葡萄酒中的甲醇含量小于等于 250mg/L。

（三）酒精度

葡萄酒的酒精度由葡萄果实中的糖分在酵母的作用下转化而来，酒精度的多少取决于葡萄采摘时的糖含量。酒精度一旦超过15%vol，大部分酵母就会停止活动。大部分葡萄酒酒精度在8%～15%vol。酒精是葡萄酒中的重要组成成分，是支撑葡萄酒酒体的重要元素，酒精度过高会掩盖葡萄酒天然的芳香，过低则导致葡萄酒变得寡淡、单调。

实验室采用GB 5009.225-2016《食品安全国家标准酒中乙醇浓度的测定》中第一、二、三法测定葡萄酒酒精度，实验原理是以蒸馏法去除样品中不挥发性物质，用密度瓶或酒精计或气相色谱法测定酒中乙醇含量，即为酒精度。

GB 15037-2006《葡萄酒》中要求酒精度的实测值与标签标示值不得超过 ±1.0%vol。

（四）二氧化硫

葡萄酒中的二氧化硫（或亚硫酸盐）主要有酵母自身产生和酿造中人为添加两个来源。二氧化硫的刺激性气味会给人一种不愉快的感觉，但它可以防止葡萄酒氧化、免受细菌的侵害，使酿酒师得到干净的葡萄酒，因而二氧化硫是葡萄酒生产过程中普遍应用的添加剂。

国家标准GB 2760-2014《食品安全国家标准食品添加剂使用标准》中规定，二氧化硫在甜型葡萄酒及果酒系列产品最大使用量为0.4g/L，其他葡萄酒和果酒中最大使用量为0.25g/L。

目前实验室使用的检测方法是GB 5009.34-2022《食品安全国家标准食品中二氧化硫的测定》。其原理是采用充氮蒸馏法处理试样，试样酸化后在加热的条件下亚硫酸盐等系列物质释放二氧化硫，用过氧化氢溶液吸收蒸馏物，二氧化硫溶于吸收液被氧化生成硫酸，采用氢氧化钠标准溶液滴定，根据氢氧化钠标准溶液消耗量计算试样中二氧化硫的含量。

二氧化硫只有过量时会对人体造成伤害，且二氧化硫含量一直属于葡萄酒检测中严格监控的项目，适量饮用经检验合格的葡萄酒不需要太过担心。

（五）有机酸

葡萄酒中的糖类转化为酒精的过程中，有多达几十种有机酸参与反应，因此，葡萄酒中的有机酸种类和含量对其风味、品质等有显著的影响，主要的酸组分有酒石酸、柠檬酸等。

目前实验室使用的检测方法是 GB/T 15038-2006《葡萄酒、果酒通用分析方法》。有机酸的检测原理是同一时刻进入色谱柱的各组分，由于在流动相和固定相之间溶解、吸附、渗透或离子交换等作用的不同，随流动相在色谱柱两相之间进行反复多次的分配，由于各组分在色谱柱中的移动速度不同，经过一定长度的色谱柱后，彼此分离开来，按顺序流出色谱柱，进入信号检测器，在记录仪上或数据处理装置上显示出各组分的谱峰数值，根据保留时间用外标法定量。

根据 GB 2760-2014《食品安全国家标准食品添加剂使用标准》规定，酒石酸在葡萄酒中的含量要在 4.0g/L 以下。

根据 GB 15037-2006《葡萄酒》规定，对干、半干、半甜葡萄酒中柠檬酸的含量要在 1.0 g/L 以下，在甜葡萄酒中柠檬酸的含量要在 2.0 g/L 以下。

（六）赭曲霉毒素 A

赭曲霉毒素 A（Ochratoxin A，简称 OTA）是一种致癌性的毒素，对人类和动植物的危害较大。1993 年，国际癌症研究机构将其定为 2B 类致癌物。

目前实验室使用的检测方法是 GB 5009.96-2016《食品安全国家标准食品中赭曲霉毒素 A 的测定》第一法免疫亲和层析净化液相色谱法。其原理是用提取液提取试样中的赭曲霉毒素 A，经免疫亲和柱净化后，采用高效液相色谱结合荧光检测器测定赭曲霉毒素 A 的含量，外标法定量。

根据 GB 2761-2017《食品安全国家标准食品中真菌毒素限量》规定，葡萄酒中的赭曲霉毒素 A 限量为 2.0 μg/kg。

（七）铅

铅属于三大重金属污染物之一，是一种严重危害人体健康的重金属元素，人体中理想的含铅量为零。人体多通过摄取食物、饮用自来水等方式把铅带入人体，进入人体的铅90%储存在骨骼，10%随血液循环流动而分布到全身各组织和器官，影响血红细胞和脑、肾、神经系统功能。

葡萄酒中的铅主要来自葡萄果实成长和葡萄酒生产过程，如使用含铅的农药喷洒葡萄树、用于酿造的设备材料中含有铅等重金属离子等，若此过程管理不当，就可能导致葡萄酒中铅等重金属元素含量超过安全标准。

目前实验室使用的检测方法是 GB 5009.268-2016《食品安全国家标准 食品中多元素的测定》第一法电感耦合等离子体质谱法（ICP-MS）。其原理是酒样经微波消解后，由电感耦合等离子体质谱仪测定，以元素特定质量数（质荷比，m/z）定性，采用外标法，以待测元素质谱信号与内标元素质谱信号的强度比与待测元素的浓度成正比进行定量分析，即可测定出铅的含量。

GB 2762-2022《食品安全国家标准食品中污染物限量》规定葡萄酒中铅的含量不得超过 0.2mg/L。

(八) 标签检验

葡萄酒标签属于预包装食品标签，一瓶葡萄酒的标签包括包装上的文字、图形、符号及一切说明物。既要符合法律、法规的规定，也要符合相应食品安全标准的规定。葡萄酒标签检验涉及《中华人民共和国商标法》中驰名商标侵权的规定（如"拉菲""解百纳"等），《中华人民共和国广告法》中极限用语的规定（使用"国家级""最高级""最佳"等用语），地理标志产品保护的规定（如"波尔多""香槟"等），《有机产品认证管理办法》中对有机产品及标志的规定等。

目前实验室葡萄酒标签检验参照的国家标准是 GB7718-2011《食品安全国家标准预包装食品标签通则》及其问答、GB2758-2012《食品安全国家标准发酵酒及其配制酒》。

葡萄酒标签检验的基本内容包括：食品名称，配料表，净含量，生产者、经销者的名称、地址和联系方式，日期标示，储存条件，食品生产许可证编号，产品标准代号，酒精度，警示语。

进口葡萄酒标签检验的基本内容与国产葡萄酒基本相同，但以下两点不同：第一，"生产者、经销者的名称、地址和联系方式"改为"代理商、进口商或经销者的名称、地址和联系方式"和原产国（港澳台地区为原产地）。

第二，免于标示"食品生产许可证编号"，"产品标准代号"。标签检验的主要工作就是核查基本内容是否齐全，内容格式是否符合国标要求。

大部分葡萄酒标签都涉及以下两项标示内容豁免：一是酒精度大于等于10%的饮料酒可以免除标示保质期；二是乙醇含量 ≥ 0.5%的饮料酒类豁免强制标示营养标签。但是也有例外的情况。低醇葡萄酒以及其他酒精度小于10%的葡萄酒不能豁免标示保质期；企业自愿选择标识营养标签的和标签中有任何营养信息（如"能量xxkJ"等）的葡萄酒，应当按照GB28050-2011《食品安全国家标准预包装营养标签通则》的要求，强制标注营养标签。

三、桑葚酒的检验检测

桑葚酒检测项目包括理化指标、感官指标等。理化指标包括酒精度、总糖、总酸、挥发酸。感官指标包括外观、香气、滋味。其他项目包括成分检测、感官检测、杂质检测、酒精度检测、总酸检测、总糖检测、干浸出物检测、水分检测、pH值检测、微生物检测、浊度检测、糖精钠检测、菌落总数检测、大肠菌群检测、农药残留检测、重金属检测、食品添加剂检测、二氧化硫残留量、苯甲酸及其钠盐、山梨酸及其钾盐、铅等。

（一）总酚含量检测

桑葚酒中总酚含量的检测是评价其抗氧化活性和保健价值的一个重要指标。桑葚酒中的总酚含量与其对氧化、抗菌、防腐等作用有着密切的关系。总酚包括多种酚类化合物，如儿茶素、花色苷、类黄酮等，这些物质对于酒的色泽、口感以及健康效应有着显著影响。进行总酚含量检测时，需要遵循相关的实验标准操作程序，确保所用试剂的纯度、仪器的校准以及环境条件的一致性，以获得可靠的检测结果。同时，样品的预处理，如过滤、稀释和去除悬浮物，也是保证检测精确性的关键步骤。目前，国家标准规定桑葚酒的总酚含量不得低于1.5g/L。

（二）酸度检测

酸度是指酒中非挥发性酸类所占的重量百分比。桑葚酒中酸度的高低会直接影响其口感。如果酸度过高，则容易使酒味较为刺激，这会影响到消费者的食欲。因此，需要对桑葚酒的酸度进行检测。按照国家标准，桑葚酒的酸度应在 2.0 ~ 6.0g/L。

酸度检测常用方法有滴定法、电位滴定法、pH 计直接测量、比色法。无论采用哪种方法，都需确保实验室条件控制得当，包括温度、使用的试剂纯度以及仪器的校准，以确保测试结果的准确性。同时，了解桑葚酒的正常酸度范围（如上述资料中提到的 3.5—5.5g/L）对于评估检测结果是否符合质量标准至关重要。如果酸度过高，可能需要采取降酸措施，如利用物理沉淀或生物降酸（如苹果酸—乳酸发酵）来改善口感。

(三) 酒精含量检测

酒精含量是反映桑葚酒产品强度的指标，也是评估其安全性和质量的重要指标之一。高酒精度的桑葚酒会对人体产生不良影响，因此，需要保证其酒精含量不超标。酒精含量的检测可以通过密度计或蒸馏法进行。国家标准规定，桑葚酒的酒精含量不得高于 45%（体积分数）。桑葚酒的酒精含量检测通常采用化学或物理化学方法，其中最常见的是密度瓶法和折光仪法。

密度瓶法是基于酒精和水的密度差异，通过测量样品在不同温度下的密度，然后利用预先建立的标准曲线计算酒精含量。这种方法操作简便，但受温度影响较大，需要精确控制和校正。折光仪法是利用酒精含量与酒液折射率之间的关系，通过折射仪直接读取折射率，参照标准曲线得出酒精含量。此方法快速便捷，适合现场快速检测，但精确度相对较低。

(四) 氨基酸含量检测

氨基酸是构成蛋白质的重要成分之一。桑葚酒中氨基酸的含量高低决定了滋味和口感的优劣。因此，氨基酸含量的检测是衡量桑葚酒质量的重要手段之一。在桑葚酒的检测中，可以通过酸水解法、自动氨基酸分析仪等方法进行氨基酸含量的检测。进行氨基酸含量检测时，首先需要从桑葚酒中提取氨基酸，通常通过酸化、加热或酶促水解等方法破坏蛋白质结构，释放出游离氨基酸。随后，根据选定的检测方法进行样品处理和分析，确保检测过程的准确性和重复性。氨基酸含量的测定对于评价桑葚酒的营养价值、风味特征及潜在的健康效益具有重要意义。

（五）甜度检测

甜度是桑葚酒中一个重要的指标，直接影响产品的风味和口感。在桑葚酒的生产过程中，如何控制甜度是很关键的。甜度的检测可以通过密度计、折光仪等工具进行。

甜度是如何检测的呢？一般用蔗糖来作比较的基准，并把它的甜味倍数规定为1。首先，把蔗糖配成1%以下的标准比较溶液（人舌头上的味蕾细胞对这样浓度的甜味最敏感），将需要测定甜味倍数的物质（简称被测物），溶解在水中，在不断改变它浓度的同时将两种溶液进行品尝对比，使被测物在某一浓度时呈现的甜味程度正好和标准蔗糖水溶液相同，此时，标准蔗糖水溶液浓度和被测物浓度值比，就是被测物的甜味倍数。

（六）色度检测

色度是桑葚酒评判的重要指标之一。桑葚酒酿造完成后，其颜色应该是深红色或者紫罗兰色。在色度检测中，可以通过比色法、分光光度计等工具来进行。

在进行色度检测时，确保检测环境的光照条件稳定，避免直射阳光或强烈灯光的干扰。对于水质检测，有时需要在自然光线下进行，或在特定的人工光源下进行以保证一致性。实验人员应穿着白色或浅色服装，避免衣物颜色对视觉判断造成影响。同时，定期维护和校验检测设备，确保其处于最佳工作状态；遵循相关的行业或国家标准，如ISO、ASTM等制定的色度检测标准，确保检测结果的可比性和合规性。

通过以上几方面的指标检测，不仅可以全面、客观地评估桑葚酒的品质，还可以帮助生产者及时地了解产品生产过程中的问题，加以纠正和完善，进一步提高桑葚酒的质量。

第五章　食品加工技术概述

第一节　食品加工技术的概念

食品加工技术作为食品科学的重要组成部分，旨在通过物理、化学和生物学的原理和方法，改善食品的品质、安全性、营养价值和加工特性。随着人们对食品质量、营养和健康的日益关注，食品加工技术也在不断发展和创新。

对于食品加工技术的概念，首先需要从其分类、发展历程等方面进行全面了解。

一、食品加工技术的分类

第一，物理加工技术。物理加工技术主要通过物理方法改变食品的形态、结构和性质。例如，切割、磨碎、混合、搅拌、挤压、成型等操作都属于物理加工技术。这些技术可以改善食品的口感、外观和加工特性。

第二，化学加工技术。化学加工技术利用化学反应改变食品的成分和性质。例如，酸化、碱化、还原、氧化、酯化等反应都属于化学加工技术。这些技术可以调整食品的 pH 值、色泽、风味和营养价值。

第三，生物加工技术。生物加工技术利用微生物、酶等生物催化剂进行食品加工。例如，发酵、酶解、生物转化等操作都属于生物加工技术。这些技术可以改善食品的风味、口感和营养价值，提高食品的安全性。

二、食品加工技术的发展历程

食品加工技术的发展历程可以追溯到古代。人类食物加工历史悠久。周朝时，中国人就发明了用黄豆、小麦等发酵制作酱的工艺。人们发现，酱存放久了，表面便会出现一层汁液，这种汁味道更好，便改进制酱工艺，专门来生产这种汁液，这就是最早的酱油。西汉时，我国各地普遍酿制酱油，那时世界上其他国家还没听说过酱油。

世界各国均有自己的食品传统加工方式，这些工艺都是人类适应自然而发明的。一些技术还是各国文化交流的产物，如酒、醋、酱油、奶酪、烤馕、面包等加工，但对于主食的加工，各国保留了自己的特色，成为人类文化的重要组成部分。

在工业革命时期，食品加工技术得到了快速发展，机械化、自动化和连续化的生产方式大大提高了食品加工的效率和产量。进入 21 世纪后，随着科技的不断进步和人们对食品质量、营养和健康的关注日益增加，食品加工技术得到较快发展和创新。

三、食品加工技术的现代应用

第一，原料处理。在食品加工过程中，原料处理是第一步，包括清洗、切割、磨碎等操作，以去除原料中的杂质、改善食品的口感和加工特性。

第二，杀菌技术。杀菌是食品加工中非常重要的一环，可以有效延长食品的保质期和安全性。现代杀菌技术包括高温杀菌、低温杀菌、辐射杀菌等方法。

第三，包装技术。包装是食品加工的最后一道工序，可以保护食品免受外界污染和损害。现代包装技术采用各种新型材料和设计，以提高包装的密封性、透气性和美观性。

第四，功能性食品加工。随着人们对健康食品的需求不断增加，功能性食品加工成为一个热门领域。通过添加各种营养成分和活性物质，可以改善食品的营养价值和健康功能。

综上所述，食品加工技术的发展与食品科学、食品工程、食品营养学等学科密切相关，其目的是提高食品的质量和安全性，满足消费者对食品多样化、营养化和健康化的需求。食品加工技术是指通过一系列物理、化学或生物学的方法和手段，对食品原料进行加工处理，以改善其食用品质、营养价值、安全性以及满足消费者特定需求的过程。这个过程包括原料的预处理、加工、保存、包装等环节，旨在将原始的食材转变为适合人类直接食用或进一步加工的食品产品。

第二节 食品加工技术的方法

食品加工技术是指通过一系列工艺和设备将原材料转化为成品食品的过程。随着科技的进步和消费者需求的多样化，食品加工技术发展迅猛。食品加工技术不仅关系到食品的品质和口感，还涉及食品的安全性和营养价值。因此，对食品加工技术的研究具有重要意义。

一、物理加工技术

物理加工技术是指通过物理手段对食品进行加工处理的方法。常见的物理加工技术包括切割与磨碎、榨汁与提取、蒸煮与烘焙等。

(一)切割与磨碎

在食品加工过程中，切割与磨碎技术作为两种基本的物理加工方法，对于食品的预处理、形态塑造以及口感改善等方面起着至关重要的作用。这些技术不仅影响食品的外观和口感，还直接关系到食品的营养价值、安全性和加工效率。

1. 切割技术

切割技术是指利用刀具或其他工具将食品原料切割成所需大小、形状和厚度的技术。在食品加工中，切割技术广泛应用于果蔬、肉类、鱼类等原料的处理。

第一，果蔬加工。在果蔬加工中，切割技术主要用于将果蔬原料切割成片状、块状或条状，以便后续的烹饪、腌制、干燥等处理。例如，将苹果、梨等水果切割成片状后进行烘干，可以制成水果干；将胡萝卜、黄瓜等蔬菜切割成丝状后进行腌制，可以制成咸菜。

第二，肉类加工。在肉类加工中，切割技术主要用于将肉类原料切割成肉丝、肉块或肉糜等形态。通过精确的切割处理，可以改善肉类的口感和营养价值，如提高嫩度、降低脂肪含量等。

第三，鱼类加工。在鱼类加工中，切割技术主要用于将鱼类原料切割成鱼片、鱼块或鱼糜等形态。通过切割处理，可以去除鱼类的骨刺和鱼皮，提高鱼肉的利用率和食用安全性。

2. 磨碎技术

磨碎技术是指利用磨具将食品原料磨成粉末或颗粒状的技术。在食品加工中，磨碎技术被广泛应用于谷物、豆类、坚果等原料的处理。

第一，谷物加工。在谷物加工中，磨碎技术主要用于将谷物原料磨成面粉或米粉等。通过磨碎处理，可以去除谷物的外壳和杂质，提高谷物的利用率和营养价值。

第二，豆类加工。在豆类加工中，磨碎技术主要用于将豆类原料磨成豆浆或豆粉等。通过磨碎处理，可以提取豆类中的蛋白质和油脂等营养成分，制成营养丰富、易于消化吸收的食品。

第三，坚果加工。在坚果加工中，磨碎技术主要用于将坚果原料磨成坚果粉或坚果酱等。通过磨碎处理，可以保留坚果中的营养成分和风味物质，同时改善坚果的口感和食用方便性。

切割与磨碎技术作为食品加工中的两种基本物理加工方法，对于食品的形态塑造、口感改善以及营养价值提高等方面具有重要意义。随着技术的不断发展和创新，未来的切割与磨碎技术会朝着自动化、智能化和纳米化等方向发展，为食品工业的发展注入新的活力。

（二）榨汁与提取

1. 榨汁

第一，选材与清洗。选择优质成熟的果实作为原料，确保果汁的品质，需要通过清洗去除果实表面可能存在的土壤、病菌、农药等有害物质。

第二，破碎。将清洗好的果实进行破碎处理，使果肉和果汁分离，便于后续的榨汁操作。破碎方法包括机械式碾压、旋转式压榨等。

第三，压榨。利用榨汁机对破碎后的果实进行压榨，将果汁从果肉中挤出。压榨方法包括冷压、热压等，根据原料的不同和所需果汁的品质选择合适的压榨方法。

第四，过滤。对压榨出的果汁进行过滤，去除果渣和其他杂质，确保果汁的纯净度。过滤器的材质和过滤孔径的选择会影响果汁的品质。

2. 提取

提取是将水果和蔬菜中的有效成分转移到液体中的过程，通常用于制作干果、果酱、果汁等食品。提取方法包括煎煮法、浸提法等。

第一，煎煮法。将干果或水果与水一起加热煮沸，使果汁中的有效成分溶解在水中。这种方法适用于果胶含量较高的水果和干果。

第二，浸提法。将干果或水果与液体浸提介质（如热水）一起浸泡，使果汁中的有效成分转移到液体中。这种方法适用于水分含量较低的干果和果胶含量较高的水果。

榨汁与提取是果汁生产过程中不可或缺的环节。通过合理选材、清洗、破碎、压榨、过滤和提取等步骤，可以制备出高品质、口感好、营养丰富的果汁产品。

(三) 蒸煮与烘焙

1. 蒸煮

蒸煮是一种通过蒸汽或热水使食物原料成熟的烹饪方法。这种方法通常适用于蔬菜、肉类、鱼类和谷物等。

(1) 蒸煮过程

准备工作：将食材清洗干净，切成适当大小，根据需要进行调味处理。

加水加热：将食材放入蒸锅或蒸笼中，加入足够的水，然后加热至水沸腾，产生蒸汽。

蒸煮时间：根据食材的种类和大小，控制蒸煮时间，确保食材完全熟透。

(2) 技术要点

水量控制：蒸锅内水量要充足，避免干烧，同时水量也不宜过多，以免影响蒸汽的生成。

蒸汽循环：确保蒸锅或蒸笼具有良好的密封性，以便蒸汽能够循环作用在食材上，使其均匀受热。

食材处理：食材的大小和形状应保持一致，以便均匀受热，熟透时间一致。

（3）蒸煮的优点

保留营养：蒸煮过程中，食材的营养成分能够得到较好的保留。

口感鲜嫩：蒸煮的食材通常具有鲜嫩的口感，易于消化和吸收。

风味独特：蒸煮过程中，食材能够充分吸收水分和调味料，形成独特的风味。

2. 烘焙

烘焙是一种通过干热使食物原料脱水变干变硬的烹饪方法。这种方法常用于面包、蛋糕、饼干等面点食品的制作。

（1）烘焙过程

准备面团：根据食谱要求，将面粉、糖、油脂、酵母等原料混合搅拌成面团。

成型：将面团放置在模具中或手工成型为所需形状。

烘焙：将成型后的面团放入预热好的烤箱中，根据食谱要求控制烘焙时间和温度。

（2）技术要点

温度控制：烤箱的温度要稳定，根据食谱要求选择合适的烘焙温度。

时间控制：烘焙时间要准确掌握，过长或过短都会影响食品的口感和品质。

烤箱性能：烤箱的密封性、加热均匀性等因素会影响烘焙效果。

（3）烘焙的优点

风味独特：烘焙过程中，食材中的水分逐渐蒸发，形成独特的香味和口感。

营养丰富：烘焙食品中富含碳水化合物、蛋白质等营养成分，能够提供人体所需的能量。

便于保存：烘焙食品中的水分含量较低，不易变质，便于保存和携带。

综上所述，蒸煮和烘焙是食品加工中常见的烹饪方法，在保持食材营养、改善口感以及创造独特风味方面各具特色。在实际应用中，可以根据食材的种类和加工需求选择合适的烹饪方法。

二、化学加工技术

化学加工技术是指通过化学反应对食品进行加工处理的方法。常见的化学加工技术包括酸碱处理、氧化还原和发酵技术等。

(一) 酸碱处理

酸碱处理主要基于酸碱中和反应的原理，即利用酸和碱反应生成盐和水的过程。在特定情况下，可以通过调节溶液的 pH 值，使其达到所需的酸碱平衡状态。

1. 酸碱处理的应用领域

(1) 食品加工

酸碱处理在食品加工中主要用于提取蛋白质、改善食品口感和风味。例如，通过酸碱处理可以提取鱼肉中的蛋白质，制成鱼糜等食品原料。此外，酸还可以用于腌制食品，如酸黄瓜、酸菜等；而碱则可以用于制作面食，如碱水面、碱水饺皮等。

酸碱处理能够显著提高蛋白回收率，减少肌浆蛋白的损失，并降低鱼腥味。同时，酸碱处理后的废水中固体颗粒、氮含量和化学需氧量更低，对环境污染小。

(2) 环境保护

酸碱处理在废水处理中有着重要作用。酸性废水可以通过添加碱性物质 (如石灰、苛性钠) 进行中和；而碱性废水则可以通过添加酸性物质 (如硫酸) 进行中和，使其符合排放标准。

酸碱处理还可以用于处理工业废水中的重金属离子和有毒物质，通过沉淀、吸附等方式去除这些污染物，降低废水对环境的危害。

(3) 化工生产

在化工生产中，酸碱中和反应常被用于合成有机物和生产各种化学品。例如，通过将醇和酸反应生成酯，可以通过酸碱中和反应来制备各种香料和调味品。

酸碱处理还用于调节产品的 pH 值，确保产品符合特定的质量标准和使用要求。

2.酸碱处理的注意事项

一是个人防护。在进行酸碱处理时，需要佩戴化学防护眼镜、酸碱抗性手套和防护服，以防止酸碱对身体的直接接触。

二是散热处理。将酸碱溶液放置在通风环境中，以防止溶液的温度升高。

三是稀释处理。对于强酸强碱溶液，需要使用大量的水进行稀释，避免产生剧烈反应。

四是中和处理。如果发生了酸碱溶液的溅溅、泄漏等情况，可以采用酸碱中和剂进行中和处理。

五是清洗处理。处理完成后，需要用大量的水充分冲洗受酸碱污染的区域，确保酸碱溶液完全清除。

综上所述，酸碱处理是一种在多个领域广泛应用的技术，具有显著的优点和广泛的应用前景。然而，在使用酸碱处理时需要注意安全问题和环境保护问题，确保操作过程的安全性和环保性。

（二）氧化还原

氧化还原反应是化学反应中重要的一类，涉及电子的转移或共享，使一个原子或离子失去或获得电子，从而改变其化学性质。这类反应在日常生活、工业生产和自然界中都有广泛的应用。

1.氧化还原反应的基本原理

氧化还原反应涉及两个主要过程：氧化和还原。氧化是物质失去电子（或电子对偏离）的过程，还原是物质获得电子（或电子对偏向）的过程。在氧化还原反应中，失去电子的物质被氧化，而得到电子的物质被还原。这种电子的转移或共享可以通过多种方式实现，如金属与酸的反应、电解过程、燃烧等。

2.氧化还原反应的应用

第一，日常生活。氧化还原反应在日常生活中随处可见。例如，金属生锈是金属与空气中的氧气发生氧化反应的结果；食物腐败也是由于食物中的有机物质被氧化所致。此外，电池的充放电过程也是氧化还原反应的应用之一。

第二，工业生产。氧化还原反应在工业生产中具有广泛的应用。例如，在冶金工业中，金属矿石的冶炼通常涉及氧化还原反应；在化学工业中，许多化学品的合成也依赖氧化还原反应。此外，氧化还原反应还被用于废水处理、空气净化等领域。

第三，自然界。氧化还原反应在自然界中也发挥着重要作用。例如，光合作用是一种典型的氧化还原反应，植物通过光合作用将二氧化碳和水转化为葡萄糖和氧气；呼吸作用则是生物体通过氧化还原反应释放能量以供生命活动所需。

3. 氧化还原反应的分类

第一，根据反应物和生成物的种类。氧化还原反应可分为金属与非金属的反应、金属与酸的反应、非金属与氧化物的反应等。

第二，根据电子转移的方式。氧化还原反应可分为直接氧化还原反应和间接氧化还原反应。直接氧化还原反应涉及反应物之间的直接电子转移，而间接氧化还原反应则通过中间物质（如氧化还原剂）实现电子的转移。

氧化还原反应在化学领域具有重要地位，不仅涉及化学反应的基本概念和原理，还与实际应用密切相关。通过氧化还原反应的研究，人们可以深入了解物质的性质、变化规律和反应机制，为实际生产和科学研究提供有力支持。同时，氧化还原反应也为环境保护、能源开发等领域提供了重要的技术支持。

(三) 发酵技术

发酵是利用微生物的代谢作用产生酶、有机物和气体来改变食品的特性。发酵技术被广泛应用于面包、啤酒、酸奶等食品的制作中。发酵技术可以赋予食品独特的口感和风味，提高食品的营养价值和保健功能。然而，发酵过程中也可能产生有害物质，如亚硝酸盐等，因此，需要对发酵条件进行严格控制以确保食品的安全性。

三、生物加工技术

生物加工技术是指利用生物体或生物活性物质对食品进行加工处理的方法。常见的生物加工技术包括酶解技术和微生物发酵等。

(一) 酶解技术

食品加工中的酶解技术是一种重要的生物技术,利用酶对食品原料进行水解、转化等反应,以改善食品的品质、口感和营养价值。酶解技术基于酶对底物进行特异性催化作用,将大分子物质分解成小分子物质。在食品加工中,酶解技术通常用于改善食品的口感、风味、营养价值以及加工性能。

1.酶解技术在食品加工中的应用

(1)肉制品加工

熟化:肉中的胶原蛋白经过酶的作用被分解成胶原多肽,使肉质柔软,口感更佳。

提香增味:添加酶解剂可使肉制品中蛋白质和酶产生相互作用,形成新化合物,增强肉的风味和口感。例如,火腿制作中添加酶解剂可充分释放天然香味物质。

保鲜:美国研究发现,在肉制品中添加酶解剂能延长保质期3~5天,通过促进细菌和酵母生长并释放氨和酸来减缓微生物生长速度。

(2)乳制品加工

乳清蛋白酶解:酶解后的乳清蛋白更易消化吸收,常用于体育营养饮料中。

乳糖酶解:添加乳糖酶有助于乳糖不耐受人群消化乳糖。

(3)面制品加工

酵母发酵:酵母作为具有酶解作用的微生物,可分解淀粉类分子为低分子糖,改善面制品的口感。

(4)提取果蔬汁

果胶酶和纤维素酶:添加这两种酶可有效分解果肉组织中的果胶和纤维素,提高出汁率,并改善果汁的品质。

(5)提高产品风味

蛋白酶:通过对肉类食品进行酶解,可释放不同的游离多肽和氨基酸,从而使产品呈现更丰富浓郁的风味。

2.酶解技术的优势

改善口感和风味:酶解技术能改善食品的口感和风味,使食品更加美味可口。

提高营养价值：酶解过程中可释放出更多的营养成分，提高食品的营养价值。

提高加工性能：酶解技术能改善食品的加工性能，如提高出汁率、缩短加工时间等。

酶解技术在食品加工中具有广泛的应用前景，能够显著提高食品的品质、口感和营养价值。随着科技的不断进步和研究的深入，酶解技术将在食品加工领域发挥越来越重要的作用。

(二) 微生物发酵

食品加工中的发酵技术是一种重要的生物技术，利用微生物的代谢活动在特定条件下对食品原料进行生物转化，从而改善食品的品质、口感和营养价值。

发酵技术基于微生物（如细菌、酵母菌、霉菌等）的代谢活动，这些微生物在适宜的条件下利用食品原料中的营养物质进行生长和代谢。

在代谢过程中，微生物会产生多种酶、有机酸、酒精、气体等代谢产物，这些产物能够改变食品的性状、口感和营养价值。

1. 发酵技术在食品加工中的应用

（1）面包和烘焙产品

酵母菌在面团中发酵，产生二氧化碳和酒精，使面团膨胀发酵，形成面包松软多孔的结构。面包中的糖和淀粉被酵母菌分解，产生新的风味物质，提高面包的风味。

（2）乳制品

乳酸菌在酸奶等乳制品中发酵，将乳糖转化为乳酸，降低产品的 pH 值，赋予酸奶特有的酸味和口感。乳酸菌还能抑制有害微生物的生长，延长乳制品的保质期。

（3）酒精饮料

酵母菌在酿酒过程中将糖分转化为酒精和二氧化碳，形成酒精饮料特有的风味和口感。不同类型的酵母菌和发酵条件可以产生不同风味和口感的酒精饮料。

（4）调味品

发酵技术也被广泛应用于酱油、醋、豆酱等调味品的生产。微生物在发酵过程中产生多种酶和有机酸，分解原料中的蛋白质、淀粉等，形成丰富的风味物质。

2. 发酵技术的优势

一是改善食品品质。发酵技术能够改善食品的口感、风味和营养价值，增加食品的美味度。

二是提高营养价值。通过发酵，食品中的营养物质更易被人体吸收利用，如面包中的淀粉被酵母分解为简单的糖类。

三是延长保质期。发酵过程中产生的有机酸和酒精能够抑制有害微生物的生长，延长食品的保质期。

发酵技术在食品加工中具有广泛的应用，能够显著提高食品的品质、口感和营养价值。发酵技术将在食品加工领域发挥越来越重要的作用。

四、新兴技术

随着科技的进步和消费者对食品品质和安全性的要求不断提高，新兴技术在食品加工领域的应用也越来越广泛。常见的新兴技术包括高压加工技术、纳米技术等。

（一）高压加工技术

食品加工中的高压加工技术是一种重要的非热加工技术，通过施加高压来改变食品的物理和化学性质，从而改善食品的品质、延长保质期并保持食品的营养成分。

在高压状态下，食品中的小分子（如水分子）间的距离会缩小，而蛋白质等大分子团构成的物质则保持原状。此时，水分子会产生渗透和填充作用，进入并黏附在蛋白质等大分子团内部的氨基酸周围，改变其性质。随着压力的下降，变性的大分子链会被拉长，部分立体结构遭到破坏，导致蛋白质凝固、淀粉变性、酶失活或激活，以及细菌等微生物的死亡。

1. 高压加工技术在食品加工中的应用

第一，保鲜和延长保质期。通过高压处理，可以杀死食品中的微生物，抑制酶的活性，从而延长食品的保质期。例如，高压技术已被广泛用于咖啡、果汁、蔬菜和肉类等食品的加工中。

第二，改善食品品质。高压处理可以改善食品的口感、风味和色泽。例如，在肉制品加工中，高压处理可以提高肉的嫩度和改善肉质。

第三，保持营养成分。由于高压加工是在低温下进行的，因此可以更好地保留食品中的维生素、色素和香味成分等小分子物质。与热加工相比，高压加工不会导致营养成分的损失和异味产生。

2. 高压加工技术的优势

一是低能耗和高效性。高压加工过程中几乎没有能耗，与热加工相比，其灭菌效果迅速、均匀且能量消耗少。

二是环保性。高压加工过程不会产生热加工那样的环境污染，符合国际社会要求降低能源消耗、保护生态环境的趋向。

三是多样化加工。高压加工可以同热加工组合进行，使食品加工过程多样化，以开发出各种新食品及其加工工艺。

3. 高压加工技术的注意事项

一是适用性。高压技术不适宜用于粉状或粒状水分含量很少的干燥食品，因为其原理是利用帕斯卡定律对食品主成分水的压缩效果。

二是成本。高压装置的材料和结构必须耐高压，因此很笨重，基本建设费用也很高。这导致高压加工技术的成本较高，商业化产品中多为高端产品。

高压加工技术是一种在食品加工中具有重要意义的技术。通过施加高压，可以改变食品的物理和化学性质，实现保鲜、延长保质期、改善品质并保持营养成分的目的。然而，高压加工技术也存在一些限制和挑战，如适用性、成本等问题。

(二) 纳米技术

食品加工中的纳米技术是一种前沿的技术。它通过在食品加工、包装和检测等过程中应用纳米尺度的材料和工具，来提高食品的品质、延长保质期、改善口感和营养价值。

1. 纳米技术在食品加工中的应用

(1) 纳米封装技术

通过纳米尺度的材料封装，可以将营养成分直接传送至身体所需部位，提高生物利用度和效率。对于易于氧化或降解的营养素，纳米封装可以延长其有效期，并在食品加工过程中保持稳定。纳米封装技术还可以用于控制食品中成分的释放，如在特定条件下（如特定的 pH 值或温度）释放香料或酶。

(2) 改善食品口感和质感

通过调控纳米颗粒的大小和分布，可以改变食品的纹理和结构，提升口感。例如，纳米乳化技术可以将油脂颗粒细化，使其更加均匀地分布在食品中，增加食品的滑腻感和口感。纳米凝胶技术可以将食品中的水分分散均匀，增加食品的细腻度和脆性。

(3) 营养增强

将纳米颗粒或纳米胶囊嵌入食品中，可以将营养物质进行包裹和保护，使其更好地被人体吸收。例如，纳米技术可以增强食品中的维生素、矿物质等营养成分的稳定性和生物利用率。

2. 纳米技术在食品包装中的应用

(1) 纳米包装材料

纳米纤维素膜等纳米材料可以用于包裹水果和蔬菜，起到保护食品的作用，防止水分蒸发和氧化反应。纳米尺度的包装物还可以阻止微生物的侵入，提高食品的卫生安全性。

(2) 纳米结构控制薄膜

在食品包装与容器的生产中采用纳米结构控制薄膜，可以确保食品的流通安全，延长食品保质期。

3. 纳米技术在食品安全检测中的应用

纳米传感器能够对微量的化学物质进行高灵敏度的检测，从而保障食品的安全性。例如，纳米生物传感器可快速、准确地检测出食品中的有害物质，如致病微生物和污染物。

4. 纳米技术的优势

一是提高食品品质。纳米技术能够改善食品的口感、风味和营养价值，让食品更加美味可口。

二是延长保质期。通过纳米封装和包装技术，可以延长食品的保质期，减少食品浪费。

三是环保和可持续性。纳米技术有助于开发更加环保和可持续的食品加工和包装方法，减少对环境的影响。

综上所述，食品加工中的纳米技术是一种具有广阔应用前景的技术。通过纳米技术，可以改善食品的品质、延长保质期、提高营养价值，并在食品安全检测中发挥重要作用。随着纳米技术的不断发展和完善，将在食品加工领域发挥越来越重要的作用。

食品加工技术是一个不断发展的领域，当前，食品加工技术在不断创新和发展。从物理加工、化学加工到生物加工，再到新兴技术的应用，食品加工技术为食品工业的发展提供了强有力的支持。未来，食品加工技术的发展会更加注重环保、节能和可持续发展。同时，随着消费者对食品品质和安全性的要求不断提高，食品加工技术也将更加注重营养强化和功能性食品的开发。

第三节　食品加工技术的未来趋势

随着全球人口的增长、消费者健康意识的提高以及科技的不断进步，食品加工技术正面临着前所未有的发展机遇与挑战。未来，食品加工技术更加注重环保、智能化、营养化和个性化，以满足消费者日益多样化的需求。

一、环保趋势

(一)绿色环保生产方式

绿色环保生产方式在食品加工技术中的应用和发展，是未来食品加工行业的重要趋势。

1. 环保材料的应用

第一，环保包装材料。食品加工企业将更多地采用环保包装材料，如可降解塑料、纸质包装等，减少塑料垃圾对环境的污染。同时，优化包装设计，减少包装废弃物，提高包装材料的回收利用率。

第二，环保生产材料。在食品加工过程中，企业将优先选择环保、无污染的原材料，如有机食材、绿色食品等，避免使用可能对环境造成负面影响的材料。

2. 节能减排措施

第一，能源优化利用。食品加工企业将优化能源结构，降低能源消耗。通过采用节能设备、提高能源利用效率、推广清洁能源等措施，减少生产过程中的能源消耗和温室气体排放。

第二，废弃物处理。企业将加强对生产过程中产生的废弃物的处理和利用。通过分类收集、资源化利用、无害化处理等方式，减少废弃物对环境的污染。

3. 清洁生产技术的应用

第一，清洁生产工艺。食品加工企业将推广清洁生产工艺，减少生产过程中的污染物排放。通过优化生产工艺、改进生产设备、提高生产管理水平等措施，实现生产过程的清洁化。

第二，环保处理设施。企业将建设和完善环保处理设施，确保废水、废气、废渣等污染物得到有效处理。通过采用先进的环保技术和设备，提高污染物的处理效率和效果。

4. 循环利用与资源化

第一，原料循环利用。食品加工企业要加强原料的循环利用，减少原料浪费。通过改进生产工艺、提高原料利用率、推广循环农业等措施，实现原料的循环利用和节约。

第二，废弃物资源化。企业将加强对废弃物的资源化利用，将废弃物转化为有价值的资源。通过采用生物技术、物理技术等方法，将废弃物转化为肥料、饲料、能源等资源，实现废弃物的资源化利用。

(二) 农产品可追溯性和质量安全

农产品可追溯性是指按照农产品原料生产、加工上市至成品最终消费过程中各个环节所必须记录的信息，追踪产品流向的能力。它允许在农产品出现危害人类健康的安全性问题时，能够迅速有效地查询到出现问题的原料或加工环节，以便进行产品召回，切断源头，消除危害。

农产品质量安全是指农产品质量达到农产品质量安全标准，符合保障人的健康、安全的要求。它包括在生产、储存、流通和使用过程中形成、残存的营养、危害及外在特征因子，既有等级、规格、品质等特性要求，也有对人、环境的危害等级水平的要求。

二、智能化趋势

(一) 信息化智能化生产

随着互联网和物联网技术的发展，食品加工生产线将实现智能化、信息化的生产运营。通过传感器和物联网技术，生产设备将实现自动监控和远程控制，大大提高生产效率和产品质量。通过数据分析和应用，企业可以实现精准生产和个性化定制，满足不同消费者的需求。

信息化智能化生产在食品加工领域的应用，不仅提高了生产效率和产品质量，还满足了消费者个性化需求，推动了食品产业的可持续发展。随着技术的不断进步和应用场景的不断拓展，信息化智能化生产将在食品加工领域发挥更加重要的作用。

(二) 食品安全监测技术

食品安全监测技术对于保障公众健康权益、维护社会安全稳定具有重要意义。通过食品检测技术，可以及早发现包括细菌、病毒、真菌、重金属等对健康有害的成分和物质，控制食品卫生安全风险，防止食品安全事件的发生。同时，食品检测技术也是治理食品安全问题的重要手段，可以有效提高食品质量，保障公众食品的健康和营养。

引入先进的食品安全监测技术，食品加工企业能够迅速检测出食品中的有害物质和细菌，确保产品的安全性。这些技术包括快速检测技术、生物传感器、纳米技术等，将大大提高食品安全监测的准确性和效率。

三、营养化趋势

(一) 营养增值技术

营养增值技术对于提高食品的营养价值和满足消费者健康需求具有重要意义。随着消费者对健康食品的需求不断增加，营养增值技术将在食品工程中发挥越来越重要的作用。同时，这些技术的应用也有助于推动食品行业的创新和发展，提高食品产业的竞争力。

食品加工企业将更加注重产品的营养价值，通过添加天然营养成分和保健功能，提高产品的营养价值。例如，添加膳食纤维、维生素、矿物质等营养素，使产品更具营养价值。企业还利用生物技术改良食品原料，提高原料的营养价值，为食品加工提供更多优质原料。

(二) 功能性食品的研发

功能性食品是指具有特定营养保健功能的食品，适宜于特定人群食用，具有调节机体功能，但不以治疗为目的。它的范围包括增强人体体质、防止疾病、恢复健康、调节身体节律和延缓衰老等方面的食品。

随着消费者对健康食品的需求增加，功能性食品的研发将成为食品加工技术的重要方向。这些食品具有调节生理功能、预防疾病等功效，能够满足消费者对于健康、保健的需求。功能性食品的研发是一个复杂而重要的过程，需要综合考虑食品成分、健康效益、生产工艺、安全性评估等方面。随着科技的不断进步和消费者健康需求的增加，功能性食品的研发将具有更加广阔的市场前景和发展空间。

四、个性化趋势

(一) 定制化食品加工

随着消费者对个性化食品的需求增加，定制化食品加工将成为未来食品加工技术的重要趋势。通过智能机器人、3D 打印技术等手段，食品加工企业可以根据消费者的个人需求定制食品，满足消费者对食品口味、形状、营养等方面的个性化需求。

定制化食品加工，一是能满足消费者个性化需求。定制化食品加工可以根据消费者的特定需求进行生产，满足消费者的个性化口味偏好和营养需求。二是能提升消费体验。消费者可以参与到食品的生产过程中，体验从选材到成品的整个流程，提升消费体验。三是能差异化竞争。通过定制化食品加工，企业可以推出具有独特口感、营养成分和包装的产品，实现差异化竞争。

（二）精准营养配餐

精准营养配餐是一种根据个体的营养需求、健康状况和口味偏好，结合食品中各种营养物质的含量，科学合理地设计食谱的过程。精准营养配餐有助于个体摄入足够的营养，保持身体健康；同时，通过科学的膳食搭配和烹饪方式，可以避免因营养过剩或不足导致的健康问题。此外，精准营养配餐还可以满足个体的口味偏好，提高生活质量。

利用大数据和人工智能技术，食品加工企业可以实现对消费者饮食行为的精准分析，为消费者提供精准的营养配餐建议。这不仅可以满足消费者对营养的需求，还可以帮助消费者更好地管理自己的健康。

综上所述，食品加工技术的未来趋势将更加注重环保、智能化、营养化和个性化。这些趋势将推动食品加工技术的不断创新和发展，为食品产业的可持续发展提供有力支持。同时，食品加工企业也需要不断适应市场变化和技术发展，加强技术创新和研发能力，以满足消费者的多样化需求。

第六章　食品加工原理

第一节　食品加工中的物理变化与原理

一、物理变化对食品加工的影响

第一，改善食品口感和品质。物理变化可以改善食品的口感和品质。通过形态、结构和水分的改变，可以使食品更加易于消化吸收，提高食品的口感和风味。例如，通过腌制和熏制可以使肉制品更加紧实、口感更佳；通过加热和干燥可以使果干口感脆爽、便于储存。

第二，提高食品安全性。物理变化还可以提高食品的安全性。通过加热杀菌、密封保存等方式，可以延长食品的保质期并减少微生物的污染。例如，在罐头制作中通过密封和加热杀菌可以保持食品的新鲜度和安全性；在冷冻食品制作中通过低温冷冻可以抑制微生物的生长和繁殖。

第三，促进食品的营养价值。物理变化还可以促进食品的营养价值。通过破碎、研磨等方式可以增加食品的比表面积和营养成分的释放率，从而增强食品的营养价值。例如，在豆浆制作中通过研磨可以使大豆中的蛋白质更容易被人体吸收；在果汁制作中通过压榨可以提取水果中的果汁和营养成分。

总之，食品加工中的物理变化与原理是一个复杂而重要的领域。通过深入了解食品加工中的物理变化类型、物理变化原理以及物理变化对食品加工的影响等方面的知识，我们可以更好地掌握食品加工的技术和方法，提高食品的质量和安全性。

二、食品加工中的物理变化类型

(一) 形态变化

食品加工过程中，形态变化是最直观的一种物理变化。通过切割、研磨、搅拌等物理手段，可以改变食品的大小、形状和质地。例如，果蔬加工中，将水果或蔬菜切成块、片或丁，便于后续的烹饪和食用；在面点加工中，通过搅拌和揉捏，使面粉和水混合均匀，形成具有弹性的面团。

(二) 结构变化

结构变化是指食品加工过程中食品内部组织的改变。这种变化可以通过加热、冷却、压力等方式实现。例如，在肉制品加工中，通过腌制和熏制，可以使肉质更加紧实，口感更佳；在豆腐制作中，通过凝固剂的添加和压制，使豆浆中的蛋白质聚集形成豆腐块。

(三) 水分变化

水分变化是食品加工中常见的物理变化之一。通过加热、蒸发、干燥等手段，可以改变食品中的水分含量和状态。例如，在果干制作中，通过加热蒸发水分，使水果中的水分含量降低，形成口感脆爽的果干；在罐头制作中，通过密封和加热杀菌，保持食品中的水分和营养成分。

(四) 密度变化

密度变化是指食品加工过程中食品密度的改变。这种变化可以通过添加物质、挤压等方式实现。例如，在面包制作中，通过添加酵母和面团发酵，使面包的体积增大、密度降低；在肉制品加工中，通过添加脂肪和调味料，使肉制品的口感更加丰富、密度降低。

三、食品加工中的物理变化原理

(一) 传热原理

传热原理是食品加工中物理变化的基础之一。通过传导、对流和辐射等方式，将热量传递给食品，使其达到加热、蒸煮、烘烤等目的。例如，在煮鸡蛋时，热量通过水传递给鸡蛋，使鸡蛋内部的蛋白质变性凝固；在烤面包时，热量通过烤箱的辐射和对流传递给面团，使面团发酵并膨胀。

(二) 传质原理

传质原理是指食品加工过程中物质传递的原理。通过扩散、渗透等方式，使食品与外界的物质发生传递。例如，在腌制食品时，盐分通过渗透作用进入食品内部，使食品具有咸味；在糖渍水果时，糖分通过扩散作用进入水果内部，使水果具有甜味。

(三) 机械作用原理

机械作用原理是指食品加工过程中通过搅拌、切割、挤压等方式改变食品的形态和结构。例如，在面点制作中，通过搅拌使面粉和水混合均匀；在肉制品加工中，通过切割和搅拌使肉质更加细腻。

第二节 食品加工中的化学变化与原理

一、化学变化对食品加工的影响

第一，改善食品口感和风味。通过加热、发酵、腌制等加工方法，食品中的化学成分发生变化，产生新的风味物质和口感特点，使食品更加美味可口。

第二，提高食品营养价值。在食品加工过程中，一些营养成分可能得到增强或释放，如酶促反应可以分解蛋白质为氨基酸，提高蛋白质的营养价值。

第三，延长食品保质期。通过杀菌、防腐等化学处理，可以抑制微生物的生长和繁殖，延长保质期。

第四，可能影响食品安全性。一些化学变化可能产生有害物质，如氧化反应可能产生过氧化物等有害物质，因此，需要在食品加工过程中严格控制化学变化条件。

二、食品加工中的化学变化类型

(一) 热力学变化

热力学变化是食品加工中最常见的化学变化之一。在加热过程中，食物中的分子会发生热解、脱水、氧化等反应，从而改变食物的性质和口感。例如，在面包制作过程中，面粉中的淀粉会发生糊化反应，形成面包的松软口感；在酸奶制作过程中，牛奶中的乳糖会发生糖类酵解反应，产生乳酸，使酸奶呈现酸味。

(二) 酸碱中和反应

酸碱中和反应也是食品加工中常见的化学变化。在食品加工中，酸碱中和反应常用于调节食品的酸碱度，改善食品的口感和风味。例如，在制作蛋糕时，面粉中的碱性物质与酸性物质 (如醋、柠檬汁等) 发生酸碱中和反应，产生二氧化碳气体，使蛋糕发生膨胀；在制作豆腐时，豆浆中的钙盐与硫酸反应生成硫酸钙，使豆腐凝固。

(三) 氧化反应

氧化反应在食品加工中起着重要的作用。氧化反应是指物质与氧气反应生成氧化物的过程。在食品加工中，氧化反应可能导致食品变质，如食用油在加热过程中会发生氧化反应，产生酸值，使油变质；苹果切开后暴露在空气中，会发生氧化反应，使苹果表面变成褐色。

(四) 酶促反应

酶促反应是指在酶的催化下，物质发生化学变化的过程。在食品加工中，酶促反应常用于食品的加工和调味。例如，在制作酱油时，大豆中的蛋白质会被酶分解为氨基酸，从而产生酱油的特殊风味；在制作啤酒时，麦芽中的淀粉会被酶分解为糖类，从而发酵产生酒精。

（五）色素变化

色素变化是指食品中的色素在加工过程中发生的变化。食品的色素可以是天然色素，也可以是人工合成的色素。在食品加工过程中，色素会受到热、光、氧等因素的影响，发生变色现象。例如，煮熟的红薯会由于热处理而变成橙色；绿叶蔬菜在烹饪过程中会由于叶绿素的分解而变成黄色。

三、食品加工中的化学变化原理

（一）美拉德反应

美拉德反应是食品加工中重要的化学变化之一，由羰基化合物（还原糖类）和氨基化合物（胺、氨基酸、肽和蛋白质）在一定温度下发生反应，生成各种风味物质，并发生褐变反应。这是食品色泽和香味产生的主要来源之一，如刚出炉的面包、现烤的牛排等。

（二）酯化反应

酯化反应也称"生香反应"，是酸类和醇类物质发生的化学反应，会生成具有香气的酯类化合物。在烹饪过程中，如烹制鱼类时加入料酒和醋，料酒中的醇类和醋中的酸类物质会在加热作用下生成酯类，挥发出的酯类能带走具有腥味的有机物，同时自然增香。

（三）糊化反应

糊化反应是大米中淀粉在加热过程中与水共热时发生的反应。淀粉粒吸水膨胀直至细胞壁破裂，晶体结构被破坏，分子排列变得混乱无规则，易被淀粉酶分解，最终成为 α - 淀粉。这是米饭制作过程中的关键化学变化。

第三节　食品加工中的微生物学原理

食品加工是一个涉及多种科学原理的复杂过程，其中微生物学原理在食品加工中至关重要。微生物学原理不仅影响食品的质量和安全，还直接关系到食品的口感、风味和营养价值。

一、微生物在食品加工中的作用

(一) 发酵作用

微生物在食品加工中的最主要作用之一是发酵。发酵是指微生物通过代谢活动产生能量和代谢产物，从而改变食品原料的物理、化学和感官特性的过程。例如，在面包、啤酒、葡萄酒等食品的生产过程中，酵母菌通过发酵作用产生二氧化碳和酒精，使食品呈现独特的口感和风味。

(二) 酶的作用

微生物在食品加工中还扮演着酶的作用。酶是一种生物催化剂，能够加速化学反应的速率。许多微生物能够产生特定的酶，这些酶在食品加工中起到关键的作用。例如，蛋白酶能够分解蛋白质，使其更易于人体吸收；脂肪酶能够分解脂肪，改善食品的口感。

(三) 营养物质的转化

微生物在食品加工中还能够将食品原料中的营养物质转化为更易于人体吸收的形式。例如，在豆制品的生产过程中，微生物能够将大豆中的蛋白质转化为更易于人体吸收的氨基酸；在乳制品的生产过程中，乳酸菌能够将乳糖转化为乳酸，降低乳制品的甜度并改善其口感。

二、微生物与食品变质的关系

(一) 微生物污染

微生物污染是导致食品变质的主要原因之一。在食品加工和储存过程中，如果环境条件不适宜或卫生条件不达标，微生物就会大量繁殖并污染食品。这些微生物包括细菌、酵母菌、霉菌等，能够分解食品中的营养物质并产生有害物质，导致食品变质。

(二) 微生物代谢产物的危害

微生物在代谢过程中会产生各种代谢产物，其中一些对人体有害。例如，一些细菌在代谢过程中会产生毒素，如肉毒杆菌产生的肉毒毒素，霉菌在代谢过程中会产生黄曲霉毒素等有害物质。这些有害物质会对人体健康造成危害，甚至危及生命。

三、微生物学原理的主要分类

(一) 来源控制原理

生产现场微生物的来源主要有以下几个方面。

1. 人体带入及控制

人是最大的带菌体，从内到外，从上到下都携带有非常多的微生物。这些微生物中有温和型的微生物，也有特别活跃的反动分子——病毒。

作为食品从业人员，要有良好的行业自律性。不但要保持自身的清洁卫生，更要注重自己的身体健康。做到遵守工厂的安全卫生规范要求，不带病上岗，减少自身带给食品的微生物危害。

2. 用具带入及控制

这里的用具不只是指工具、毛巾等，还包括我们的车架、烤盘、模具、胶框等。烘焙行业很多工厂都没有做到生熟用具分开，没做到用具消毒。

很多工厂的用具配置是严重不足或者安排非常不恰当。笔者经常看到一些企业车架的流通是从前段生品制作间开始直接到包装组结束的，面包组把产品放到车架上，放到发酵房发酵，再推到烤房，烤房的人把产品烤熟后继续放到车架上再推到凉冻间，包装的人再把车架推到包装组。这样没有做到生熟用具分开，微生物污染直接从生区带到熟区，使产品在很短的时间内就发霉变质了。

除了车架外，很多工厂包装现场用来装面包的胶框也是未经消毒处理的，有很多都是直接从门店收回来后就给到生产车间使用，连洗都没有洗。这些胶框表面看似很干净，实际上都很脏，必须清洗消毒后才能进入车间使用。

3. 材料带入及控制

产品在烘烤前，原材料只要没有变质，带入点微生物，影响都不是特别大（这里只针对烘烤类产品）。因为产品经过烘烤后，绝大多数的微生物都能被杀灭。

但对于那些不需要烘烤的产品或者烘烤后再装饰的产品来说，原材料带入微生物，情况则完全不同了，可能会直接导致产品微生物超标，产品不合格。

4. 空气带入及控制

工厂在人员进出的时候、在开关门的时候、在换气的时候，都会从空气中带入微生物，很难完全避免。但可以采取一些措施减少空气带入车间的微生物，如减少门窗开关的次数，通过进风系统进入车间的空气要经过过滤处理等。通过空气带入车间的微生物数量相比前面三种带入车间的微生物数量会少很多，做好空间消毒即可。

（二）酶促反应原理

酶是一种具有特异性的高效生物催化剂，绝大多数的酶是活细胞产生的蛋白质。酶的催化条件温和，在常温、常压下即可进行。酶催化的反应称为酶促反应，要比相应的非催化反应快 103 ~ 107 倍。酶促反应是利用酶作为催化剂来加速化学反应速率的过程。酶是一种特殊的蛋白质分子，通过降低反应的活化能，使底物发生反应，最终得到产物。在食品加工中，酶促反应具有诸多好处，如降低加工过程中的能量消耗和反应时间，提高生产效率；减少高温和高压操作，降低对食品成分的破坏；可选择性催化特定底物，从而改变食品的味道、口感和营养性。

影响酶促反应的因素主要有以下几个方面。

一是酸碱度（pH 值）。每种酶都有其特定的 pH 范围，超出这个范围会导致酶活性降低甚至失活。因此，在食品加工过程中需要控制 pH 值以维持酶的活性。

二是温度。温度是影响酶活性的重要因素。适当地升高温度可以增强酶活性，但过高的温度会导致酶失活。因此，在食品加工过程中需要控制温度以保持酶的活性。

三是底物浓度。底物浓度是酶促反应速率的重要因素之一。当底物浓度增加时，酶促反应速率也会增加，但过高的底物浓度可能会抑制酶的活性。

四是酶浓度。酶浓度也是影响酶促反应速率的重要因素。增加酶浓度可以提高反应速率，但过高的酶浓度可能导致成本增加和浪费。

五是抑制剂和激活剂。抑制剂可以降低酶的活性，而激活剂可以增强酶的活性。在食品加工过程中需要注意这些物质的存在对酶活性的影响。

食品加工中的酶促反应是一个复杂而重要的过程，可以通过改变食品的成分和结构来影响食品的特性、口感和营养价值。在食品加工过程中，需要控制各种因素以维持酶的活性并优化酶促反应的效果。通过合理的酶促反应设计，可以生产出更加安全、营养和美味的食品。

四、微生物生长的控制策略

（一）温度控制

温度是影响微生物生长的关键因素之一。大多数微生物在适宜的温度下能够迅速繁殖。因此，在食品加工和储存过程中，通过控制温度可以有效地抑制微生物的生长。例如，在冷藏条件下储存食品可以显著延长食品的保质期。

（二）湿度控制

湿度也是影响微生物生长的重要因素之一。过高的湿度会导致食品表面潮湿，为微生物的生长提供有利条件。因此，食品加工和储存需要控制湿度以防止微生物的污染和繁殖。

（三）酸度控制

酸度是影响微生物生长的另一个重要因素。大多数微生物在酸性环境下无法生长或生长缓慢。因此，在食品加工过程中，可以通过添加酸性物质（如醋酸、柠檬酸等）来降低食品的 pH 值，从而抑制微生物的生长。

(四) 杀菌处理

杀菌处理是控制微生物生长的有效手段之一。通过加热、辐射、化学药剂等方法可以有效地杀灭食品中的微生物，防止食品变质。然而，杀菌处理可能会影响食品的品质和营养价值，因此，需要在使用时权衡利弊。

总之，食品加工中的微生物学原理是一个复杂而重要的领域。通过深入了解微生物在食品加工中的作用、微生物与食品变质的关系以及控制微生物生长的策略等方面的知识，有助于更好地掌握食品加工技术，提升食品质量。随着科技的不断发展和进步，相信未来会有更多的新技术和方法被应用于食品加工领域，为人类的健康和福祉做出更大的贡献。

第七章　食品加工技术应用

第一节　果蔬加工技术

我国是水果和蔬菜的生产大国，产量居世界前列。随着人们生活水平的提高和健康意识的增强，对果蔬的品质和营养价值提出了更高的要求。果蔬加工技术作为食品工业的重要组成部分，不仅可以延长果蔬的保质期，提高其附加值，还可以满足消费者对果蔬品质和营养价值的需求。

一、果蔬加工的主要技术

（一）罐藏技术

罐藏是将新鲜的果蔬原料经预处理后，装入不透气且能严密封闭的容器中，加入适量的盐水或清水或糖水，经排气、密封、杀菌等工序制成产品。这种食品保藏的方法具有保质期长、便于储存和运输等优点。目前，我国果蔬罐藏产品种类繁多，包括水果罐头、蔬菜罐头等。

（二）糖制技术

糖制是将新鲜果蔬经预处理后，加糖煮制，使其含糖量达到65%～75%，这类加工品叫果蔬糖制品。以产品形态又分为果脯和果酱两大类。糖制技术可以保持果蔬的色泽、口感和营养价值，增加其甜度，深受消费者喜爱。

（三）干制技术

干制是将新鲜果蔬经自然干燥或人工干燥，使其含水量降到一定程度（果品15%～25%，蔬菜3%～6%）。干制技术可以显著延长果蔬的保质期，减少体积和重量，便于储存和运输。此外，干制后的果蔬还可以作为零食、调味料等食用，具有丰富的口感和营养价值。

（四）汁制技术

汁制是指将果蔬经破碎、压榨、过滤等工序制成汁液，再经过杀菌、包装等工序制成产品。汁制技术可以充分保留果蔬中的营养成分和风味物质，同时便于消费者食用。目前，市场上常见的果蔬汁产品包括果汁、蔬菜汁、复合果蔬汁等。

二、果蔬加工技术的应用现状

（一）提高果蔬附加值

通过果蔬加工技术，可以将普通的果蔬原料加工成具有更高附加值的产品，如罐头、果酱、蜜饯等。这些产品不仅具有更好的口感和营养价值，而且价格更高，可以为农民和企业带来更高的经济效益。

（二）延长果蔬保质期

果蔬加工技术可以通过罐藏、糖制、干制等方法延长果蔬的保质期，减少浪费。特别是在果蔬产季过剩时，通过加工可以将多余的果蔬转化为产品储存起来，等到淡季时再销售。

（三）改善食品品质

果蔬加工技术可以通过改变果蔬的形态、口感和营养价值来改善食品品质。例如，罐藏技术可以保持果蔬的色泽和口感；糖制技术可以增加果蔬的甜度；干制技术可以保留果蔬的营养成分和风味物质；汁制技术可以充分保留果蔬中的营养成分和风味物质。

三、果蔬加工技术的发展趋势

（一）绿色加工

随着环保意识的提高，绿色加工将成为果蔬加工技术的重要发展方向。

绿色加工强调在加工过程中减少能源消耗、降低废弃物排放、提高资源利用率等，以实现可持续发展。

（二）营养健康

消费者对食品的营养健康要求越来越高，因此，果蔬加工技术也将朝着营养健康的方向发展。未来的果蔬加工技术将更加注重保留果蔬中的营养成分和生物活性物质，同时减少加工过程中营养素的损失。

（三）多元化产品

随着消费者对食品口味和种类的需求日益多样化，果蔬加工产品也将呈现多元化的趋势。未来的果蔬加工产品将更加注重口感、风味和外观的创新设计，以满足消费者的不同需求。

（四）智能化加工

随着信息技术的不断发展，智能化加工将成为果蔬加工技术的重要发展方向。通过引入物联网、大数据、人工智能等先进技术，可以实现果蔬加工过程的自动化、智能化和精准化控制，提高加工效率和质量。

总之，果蔬加工技术是食品工业的重要组成部分，对于提高果蔬附加值、延长保质期、改善食品品质等方面具有重要作用。果蔬加工技术将朝着绿色加工、营养健康、多元化产品和智能化加工的方向发展，以满足消费者对食品品质和营养价值的需求。

第二节　粮油加工技术

粮油作为人类生活的基本食物来源，其加工技术的发展对食品工业具有重要意义。随着科技的不断进步和消费者对食品品质要求的提高，粮油加工技术也在不断更新和完善。

一、粮油加工主要技术

(一) 罐藏技术

粮油加工的罐藏技术是一种重要的保藏方法，主要用于延长粮油产品的保质期并保持其品质。

罐藏技术是将食品密封在容器中，通过高温处理杀灭绝大部分微生物，同时防止外界微生物再次入侵，从而使食品在室温下能长期储存。这种方法最初是使用沸水煮过的瓶盛装食品，但后来技术得到了改进，现在更常使用先杀菌后装罐密封的无菌装罐保藏方法。

粮油加工罐藏分为预处理、调味或装罐、排气、密封、杀菌几个主要环节。

预处理：粮油原料在罐藏前需要进行预处理，包括清洗、清除非食用部分、切割、检剔、修整等步骤，以确保原料的清洁和适合罐藏。

调味或装罐：根据产品的不同，原料可能需要进行调味处理或直接装罐。对于调味类粮油产品，如红烧元蹄、五香排骨罐头等，原料需经预煮或烹调后装罐，并加入不同的调味汁液。

排气：在密封前，需要将罐内顶隙间的空气尽可能排除，使密封后的罐头顶隙内形成部分真空。这有助于防止需氧菌和霉菌的发育生长，减少加热杀菌时因空气膨胀而可能导致的容器变形或破损，以及控制或减轻罐头食品贮藏中的罐内壁腐蚀等问题。

密封：使用专门的设备将罐头密封，确保罐头内的食品与外界环境完全隔离。

杀菌：通过高温处理杀灭罐头内的微生物，确保食品的安全和长期保存。杀菌后的罐头还需进行冷却处理，以便储存和运输。

罐藏技术可以有效延长粮油产品的保质期，使其在室温下能长期储存。罐藏技术通过高温杀菌和密封处理，可以保持粮油产品的原有品质和口感。而且罐头产品具有体积小、重量轻、不易破损等优点，便于储存和运输。

随着科技的不断进步和消费者需求的不断变化，罐藏技术也在不断发展。未来，罐藏技术会更加注重环保、节能和智能化发展，以满足市场的多样化需求。同时，新型包装材料和杀菌技术的研发也将为罐藏技术的发展提供新的动力。

(二) 干燥技术

通过自然或人工方式去除粮油产品中的水分，延长其保质期。干燥技术包括热风干燥、真空干燥、微波干燥等方式，适用于不同的粮油产品。

粮油加工的干燥技术对于确保粮食的安全储藏、延长保质期以及保持品质具有至关重要的作用。在粮油加工过程中，干燥技术是不可或缺的一环。通过去除粮食中的多余水分，可以显著降低微生物的活性，延缓粮食的霉变和腐败过程，从而确保粮食的安全储藏和延长保质期。同时，干燥还能保持粮食的品质和口感，满足市场对高品质粮油产品的需求。

干燥技术分为对流干燥法、传导干燥法、辐射干燥法、电场干燥法、联合干燥法等。

对流干燥法：利用加热气体 (如热空气) 直接与粮食接触，通过对流方式传递热量，使粮食中的水分汽化。这种方法在粮食干燥技术中应用得最广，因为它不仅提供了热量，还能带走粮食中汽化出的水分。

传导干燥法：粮食与加热固体表面直接接触，热量通过传导方式传递给粮食。这种方法中，热量来源可能是烟道气、过热蒸汽或热循环水。粮食汽化出来的水分需要通过干燥介质带走。

辐射干燥法：通过辐射形式将能量传递给粮食，使粮食温度升高，水分汽化。电能类型的辐射器如红外线灯泡和金属氧化物陶瓷板辐射器，热能类型的辐射器则是用煤气燃烧金属或陶瓷板来放出红外线。

电场干燥法：利用介质加热原理，在高频电场作用下使粮食受热，水分汽化。这种方法目前多为小型试验性质，但具有潜在的工业应用价值。

联合干燥法：将两种或两种以上的干燥方法进行科学组合，以发挥各自优势，提高干燥效率和品质。例如，可以先用高温快速流化烘干机使潮湿的粮食预热，再用转筒烘干机以较低温度进行烘干。

近年来，我国粮油加工干燥技术取得了显著进展，主要体现在以下几个方面。

一是联合干燥技术的应用。结合多种干燥方法的优点，实现高效、节能的干燥效果。例如，射频热风 - 常温风联合干燥装置已获得国家发明专利授权，作为通风储粮仓的辅助干燥设备。

二是烘干储藏一体化技术。将粮食的干燥与储藏两个环节相结合，实现干燥、储藏共用一套设备。这种技术有效减少了占地面积和投入经费，提高了能源利用效率。

三是新型干燥设备的研发。随着科技的不断进步，新型干燥设备如微波干燥机、远红外干燥机等不断涌现。这些设备具有干燥效率高、节能环保等优点，为粮油加工行业提供了更多选择。

随着科技的不断发展和市场需求的不断变化，未来的干燥技术将更加注重环保、节能和智能化发展。

（三）挤压膨化技术

第一，挤压膨化技术的原理。物料被送入挤压膨化机中，在螺杆、螺旋的推动作用下，物料向前成轴向移动。同时，由于螺旋与物料、物料与机筒以及物料内部的机械摩擦作用，物料被强烈地挤压、搅拌、剪切，其结果使物料进一步细化、均化。随着机腔内部压力的逐渐加大，温度相应地不断升高，在高温、高压、高剪切力的条件下，物料物性发生了变化，由粉状变成糊状，淀粉发生糊化、裂解，蛋白质发生变性、重组，纤维发生部分降解、细化，致病菌被杀死，有毒成分失活。当糊状物料由模孔喷出的瞬间，在强大压力差的作用下，水分急骤汽化，物料被膨化，形成结构疏松、多孔、酥脆的膨化产品，从而达到挤压膨化的目的。

第二，挤压膨化过程中物料组分的变化以淀粉、蛋白质、脂肪为主。

淀粉：随着挤压强度的提高，淀粉糊化程度也会增加。这些大分子降解的程度也受挤压因素的影响，如温度、水分含量及螺杆转速，这些挤压因素导致最终产品发生一系列的物理化学变化，同时也导致其消化率的变化。淀粉分为直链淀粉与支链淀粉，在挤压膨化过程中分别表现出不同的特性。淀粉中直链淀粉与支链淀粉的比率影响挤压制品的组织特性。支链淀粉能促进膨化，使产品很轻、很松脆；相反，用直链淀粉含量高的淀粉或块茎植物的淀粉制成的产品质地较硬，膨化程度较小。淀粉中直链淀粉含量越高，膨化物的膨化指数越小。

蛋白质：在一般挤压条件下（指低温、高含水量、低螺杆转速），植物蛋白的营养价值通常有所增加，这主要归功于对蛋白质第 1、2 级高级结构的结构修饰和原存在于植物食品中蛋白酶抑制剂的变性失活作用。在剧烈的挤压条件下（指高温、低含水量、高螺杆转速），蛋白质的消化率和氨基酸的利用率会降低。一个主要的原因就是美拉德反应导致氨基酸利用率的降低。赖氨酸是谷物中的限制性氨基酸，其利用率的降低会立即导致蛋白质营养价值的降低。

脂肪：挤压膨化可能会降低脂肪的营养价值，其机制包括氧化、氢化及顺反异构化作用。挤压膨化后，脂肪含量会随直链淀粉 - 脂复合物的形成而减少；不饱和脂肪酸与饱和脂肪酸之间的比例会有所降低，反式脂肪酸会有所增加。但这种变化微乎其微，以至于不会对营养价值造成显著影响。

（四）油脂加工技术

油脂加工技术是一个复杂且多步骤的过程，涵盖了从原料的选取、预处理、提取、精炼到最终产品的形成等一系列环节。这一技术的不断进步和优化，对于油脂工业的发展以及人类日常生活都有着深远的影响。

第一，原料选择与预处理。油脂加工的起始点是选择合适的油脂原料，如大豆、花生、油菜籽等。这些原料中富含油脂，是提取油脂的基础。原料的质量直接影响最终油脂的品质和产量。因此，在原料选择时，需要考虑其新鲜度、含水率、杂质含量等因素。

选定原料后，接下来的步骤是预处理。这一环节包括清理、去壳、破碎、软化等操作。清理是为了去除原料中的杂质，如石子、金属等，保证后续加工的顺利进行。去壳则是针对某些带壳的油料，如花生、葵花籽等，以提高出油率。破碎和软化则是为了增大原料的表面积，使其更易于与溶剂接触，从而提高提取效率。

第二，油脂提取。油脂提取是油脂加工技术的核心环节。目前，常用的提取方法有压榨法和浸出法两种。压榨法是通过物理压榨的方式，从油料中直接榨取油脂。这种方法适用于含油量较高的油料，如橄榄、花生等。浸出法则是利用有机溶剂（如正己烷）与油料中的油脂相溶的原理，将油脂从油料中提取出来。这种方法适用于含油量较低的油料，如大豆、菜籽等。

在浸出法中，溶剂的选择至关重要。理想的溶剂应具有良好的溶解性、选择性和安全性。正己烷因其良好的溶解性和选择性，以及相对较低的毒性，被广泛用作浸出法的溶剂。随着人们环保意识的提高，寻找更环保、更安全的替代溶剂已成为当前的研究热点。

第三，油脂精炼。提取出的毛油需要经过精炼处理，以去除其中的杂质、游离脂肪酸、色素等，提高油脂的品质和稳定性。精炼过程包括脱胶、脱酸、脱色、脱臭等步骤。这些步骤可以有效地提高油脂的纯度，延长其保质期，并改善其风味和外观。

第四，产品形成与储存。经过精炼的油脂需要进行适当的包装和储存，以确保其品质和安全。包装材料应具有良好的阻隔性能和稳定性，以防止油脂的氧化和污染。储存环境也应保持干燥、阴凉、通风，避免阳光直射和高温环境。

二、粮油加工的应用现状

第一，加工规模。随着经济的发展和消费者对食品需求的增加，粮油加工规模不断扩大。以广东省为例，其粮油加工业总产量近几年已达到较高水平，有效满足了市场需求。

第二，技术水平。粮油加工技术水平不断提高，设备自动化、智能化程度显著提升。比如高精度、高档次的粮油产品已成为主导产品，同时粮油加工的产业链也在不断延伸和完善。

第三，品牌建设。粮油加工企业注重品牌建设，涌现出一批知名品牌。比如金龙鱼、花旗等食用植物油脂品牌，在市场上享有较高声誉。

三、粮油加工面临的挑战

第一，原料供应问题。随着耕地面积的减少和气候变化的影响，粮油原料的供应面临一定压力。如何保障原料供应的稳定性和质量成为粮油加工企业需要解决的问题。

第二，技术创新需求。消费者对粮油产品的品质和口感要求不断提高，需要粮油加工企业加大技术创新力度，开发新产品、新技术以满足市场需求。

第三，环保和可持续发展问题。粮油加工过程中产生的废水、废气等污染物对环境造成一定影响。如何在保障生产效益的同时实现环保和可持续发展是粮油加工企业面临的挑战。

四、粮油加工技术发展趋势

第一，技术创新驱动。粮油加工技术将继续向自动化、智能化方向发展，通过引入新技术、新工艺和新设备提高生产效率和产品质量。

第二，绿色生产。粮油加工企业将更加注重环保和可持续发展问题，采用清洁生产技术减少污染物排放并推动循环经济发展。

第三，产品多元化。随着消费者对食品需求的多样化趋势加强，粮油加工企业需要不断开发新产品和新品种以满足不同消费者的需求。

第四，品牌化建设。品牌化将成为粮油加工企业竞争的重要手段之一。企业将通过品牌建设提升产品附加值和市场竞争力。

粮油加工技术是食品工业的重要组成部分，对于保障食品安全和提高食品品质具有重要意义。随着科技的进步和消费者对食品需求的不断变化，粮油加工技术也在不断更新和完善。粮油加工技术将朝着技术创新驱动、绿色生产、产品多元化和品牌化建设的方向发展，以满足市场需求并实现可持续发展。

第三节　畜产品加工技术

畜产品作为重要的食品来源，其加工技术直接关系到产品的品质、安全和市场竞争力。随着科技的不断进步和消费者需求的多样化，畜产品加工技术也在不断更新和完善。

一、畜产品加工技术现状

（一）技术特点

第一，自动化程度高。随着科技的不断进步，畜产品加工设备的自动化程度越来越高，大大提高了生产效率和产品质量。

第二，环保节能。现代畜产品加工技术注重环保和节能，采用低能耗、低排放的设备和技术，减少了对环境的影响。

第三，安全性高。畜产品加工过程中严格控制卫生条件，采用先进的杀菌、消毒技术，确保产品安全性。

(二) 应用现状

物联网技术在畜产品中的应用，不仅是信息网络化发展的主要趋向，也是未来畜产品加工技术应用的主要趋势。

1. 畜产品生产、加工包装环节

相关工作人员生产畜产品的过程中，需要对饲养期间涉及饲料信息、喂养过程中预混料等相关信息进行全面收集和总结，采用电子标签的方式对各种不同类型的信息和数据进行登记，同时将其全部保存在食品安全数据库中，以便后期食品出现质量问题时，能够当作追溯的初始信息数据。生产人员全面详细地记录畜产品相关信息和数据，将其传递到之后加工包装等环节的参与者，以便后续工作高效顺利地开展。相关工作人员在畜产品加工包装阶段的实践工作中，需要有效结合畜产品安全质量、色彩、大小尺寸等方面的相关信息，实行科学合理分级，同时包装成物流单元。另外，工作人员可以结合供应链中前一阶段参与者提供的相关信息数据，有效生成需要信息数据的畜产品标签。

2. 畜产品运输环节

相关工作人员在畜产品运输环节采用物联网技术的过程中，必须有效监控、跟踪和道口检查畜产品，保证产品安全质量符合相应的标准和要求。现阶段，我国物流技术和设备存在一定的落后性，在物流上多个节点之间的信息不畅通，没有有效实现畜产品安全信息的共享。另外，畜产品在运输的过程中，缺乏一体化物流模式，对畜产品物流跟踪存在一定的难度，畜产品在物流运输过程中产生较大的损耗，降低了畜产品的经济效益。因此，畜产品生产经营者需要充分认识到运输环节中存在的问题和不足，全面应用物联网技术，解决传统畜产品物流运输中的问题。

物联网 RFID 技术在运输环节的应用，能够为物流单位提供实时监控和跟踪畜产品运输实际情况的服务。物联网 RFID 技术的应用给业主同样带来相应的便利条件，他们能够在互联网上对自己购买产品的实际运输位置等相关情况进行准确了解，在一定程度上保障了业主的合法权益。

3. 畜产品销售环节

畜产品销售过程中，相关工作人员采用物联网技术能够对畜产品进行有效统计分析，实现有效的监控、防盗作用。人们对畜产品进行运输的过程中，当产品到达销售地点之后，相关的信息数据全面真实地传送给工作人员。消费者在商店采购畜产品的过程中，可以利用专门的平台查询畜产品的相关信息，对产品的安全质量、生产地和销售情况等相关信息进行全面了解和掌握。消费者采购畜产品进行最终付款的过程中，销售架上的物联网RFID阅读器能够有效经过产品包装上的 EPC 标签，对产品的详细信息进行有效识别，同时对存储本地数据库中的相关信息进行及时更新。

在畜产品销售的每个环节，工作人员均可以采用 RFID 阅读器对货物进行更加迅速、有效的检验，而不需要对产品包装进行拆开检验，进而有效提升了物流工作质量和效率，最大程度地降低了差错率，为畜产品多个工作环节中实时准确地了解库存相关信息提供了便利。人们在畜产品中应用物联网技术，促进畜产品生产、运输、销售等阶段增强其透明性，为人们提供更加详细准确的供应链信息。另外，部分畜产品在各个环节中出现相应的变质等问题的情况下，RFID 读写器终端能够对产品过期信息进行识别，对消费者进行一定的提示，告知不能直接食用，销售商店及时将变质产品下架，进而有效解决了畜产品冷冻、冷藏等问题，为人们带来更加安全、优质的产品服务，对人们的身体健康进行有效的保护。

4. 应急预案制定中的应用

相关管理人员对畜产品进行管理的过程中，采用物联网技术，当出现相应的紧急情况时，在畜产品生产、销售等整个环节的物流企业、经销单位，能够结合畜产品的网络安全系统，对畜产品的相关信息进行全面、迅速地查询。同时，管理人员能够查找畜产品在流通和生产、加工包装等过程中产生的相应问题，结合管理系统进行科学合理的操作。因此，管理人员需要从根源上对畜产品的安全质量进行高效管控，从生产根源上有效控制产品安全质量，才能对畜产品供应和销售链的安全进行有效保障。例如，畜产品在运输环节，货运车辆在行驶过程中，需要经过的前方路段产生相应交通事故，造成交通道路出现堵塞等现象时，相关管理人员可以通过流通信息监控系统，重新确定合适的畜产品运输路径，同时发挥无线通信技术的重要优势和作用，将选择的最佳运输路径传送给货运车辆，有利于车辆及时调整运输线路，保证在规定时间内有效达成运输目标。

5. 物联网 RFID 技术的应用

现阶段，我国科学技术不断进步和发展，物联网在多个领域得到广泛应用，取得良好的应用成效。部分禽畜饲养场在日常经营发展的过程中，全面采用网络管理，对需要进行生产、加工的禽畜采用 RFID 标签进行实时监督管理和控制。禽畜饲养场管理人员采用该种方法对禽畜的实际生长状况、饲养实际情况等相关信息进行有效管控，全面了解每个环节禽畜产品的健康、销售等实际情况，保证投放市场的畜产品的安全质量，更加满足食用标准。例如，相关管理人员采用物联网 RFID 技术高效管理生猪产品的生产、销售，对生猪食品整个链条的追溯模拟，创建新型管理系统，充分发挥物联网 RFID 技术的重要优势和作用，同时结合新时代通信信息、现代网络、数据库收集整理等相关先进技术，全面分析生猪生产销售的实际情况，创建科学完善的管理系统。该管理系统主要包含生猪繁育和养殖情况，以及屠宰生产、加工包装、运输和销售等环节的所有信息，便于工作人员采用该管理系统追溯和管理畜产品的全部信息资料。管理人员采用物联网 RFID 技术，创建完善管理系统，为畜产品养殖和销售提供更加全面、准确的信息。同时，为相关主管部门制定政策和执行提供有力的数据支持和保障，为消费者提供畜产品真实完整、准确的信息，进一步有效保障了畜产品的安全质量。

二、畜产品加工面临的挑战

第一，原料质量不稳定。由于畜禽养殖过程中饲料、环境等因素的影响，畜产品的原料质量存在不稳定性，给加工过程带来了挑战。

第二，技术创新能力不足。目前，我国畜产品加工技术的创新能力还不足，与发达国家相比存在一定的差距。这限制了我国畜产品加工行业的竞争力和发展潜力。

第三，市场营销能力不足。许多畜产品加工企业在市场营销方面存在不足，缺乏有效的推广和销售渠道，导致产品难以打开市场。

三、畜产品加工技术发展趋势

第一，技术创新。畜产品加工技术将更加注重技术创新，通过引进和研发新技术、新工艺和新设备，提高产品的品质和附加值。

第二，智能化发展。随着物联网、大数据等技术的发展，畜产品加工将向智能化方向发展，实现生产过程的自动化和智能化控制。

第三，绿色生产。畜产品加工将更加注重环保和可持续发展，采用绿色生产技术和工艺，减少废弃物排放和能源消耗。

第四，多元化产品。为了满足消费者多样化的需求，畜产品加工将向多元化方向发展，开发出更多具有特色、高品质、高附加值的产品。

畜产品加工技术是食品工业的重要组成部分，其创新与发展对于满足市场需求、提高产品附加值具有重要意义。未来畜产品加工技术将朝着技术创新、智能化、绿色化和多元化方向发展，为食品工业的发展注入新的动力。

第四节　水产品加工技术

水产品加工技术作为食品工业的重要组成部分，其发展水平直接关系到水产品的品质、安全和市场竞争力。近年来，随着社会经济的发展和人民生活水平的提高，水产品消费需求不断增长，对水产品加工技术的要求也越来越高。因此，深入研究水产品加工技术，对于促进水产品加工行业的健康发展具有重要意义。

一、水产品加工技术现状

（一）技术类型

水产品加工技术主要包括罐藏技术、冷冻技术、干燥技术、发酵技术以及现代生物技术等。这些技术各有特点，适用于不同的水产品加工需求。例如，罐藏技术适用于长期保存水产品，冷冻技术则适用于保持水产品的新鲜度和口感。

（二）存在的问题

尽管水产品加工技术取得了显著进步，但仍存在以下问题。

第一，加工品比例较低。与世界水平相比，我国水产品加工比例仍然较低，仅占水产品总产量的30%左右，与世界水产品产量的75%左右的加工比例存在较大差距。

第二，高附加值产品少。目前，我国水产品加工主要集中在初加工阶段，高附加值产品较少。大部分加工品由于技术含量低而附加值不高，仅有少数产品（如烤鳗、精加工紫菜等）因技术含量较高而附加值也较高。

第三，废弃物利用水平不高。在水产品加工过程中往往会产生许多废弃物，如内脏、鱼头等，目前这些废弃物的利用水平仍然较低，缺乏有效的利用途径。

二、水产品的主要加工技术

（一）鱼糜加工技术

鱼糜是我国的传统产品，烹饪史悠久，后来传到日本并发展迅速。鱼糜的制作方法是从鱼肉之中提取肌原纤维蛋白，经过采肉、漂洗、脱水、精滤、搅拌、成品、冷藏等工序。它是用于生产各种鱼糜制品的半成品。鱼糜只能作为冷冻原料储存几天，而且由于冷冻，通常会因肌肉蛋白质的降解而诱发蛋白质变性，导致鱼糜变质，适口性大大降低。

近年来，我国淡水鱼糜加工取得了一些新进展。建立了淡水鱼糜的生物发酵工艺，研制出风味优良、感官品质优良的淡水发酵鱼糜。采用生物酶交联技术，强化特种多糖凝胶的功能，强化猪血浆蛋白凝胶，建立了提高鱼肉复合凝胶制品产量的工艺。厂家以淡水鱼糜为原料，采用复合配方和杀菌技术，研制出口味、风味、形态多样、保质期长的速溶风味鱼豆腐食品。建立了提高鱼粉质量的工艺，研制了儿童营养鱼粉。采用重组、速冻和品质改良技术，研制了速冻鲜鱼肉包子。

（二）干制品加工

水产品在干燥过程之中的主要物理变化是体积减小、表面硬化和孔隙率提高。其化学变化主要表现为单位重量营养成分含量的相对增加、部分营养成分的损失、一定比例的风味下降和色泽的变化。干燥方法主要有太阳光干燥、空气干燥、热风干燥、冷风干燥、冷冻干燥和辐射干燥（红外线和微波）。典型的干制品主要有鱼盐干制品、鱼光干制品和鱼肉松。

（三）腌熏加工

1. 腌制加工

腌制通常是指用盐或盐溶液、糖或糖溶液对水产品进行加工，以增加风味、稳定色泽，达到保鲜的目的。腌制是最常用的方法，通常包括两个过程：腌制和成熟。盐碱化过程就是盐不断进入鱼体之内的过程。随着鱼体之内含盐量的逐渐增加，含水量逐渐降低，在一定程度之上抑制了细菌的活性和酶的作用。成熟是蛋白质在酶的作用之下分解成短肽、游离氨基酸和胺的生化过程。部分脂肪被分解成小分子挥发性醛类，醛类具有一定的香气，因此，脂肪含量高的鱼的风味通常比脂肪含量低得好。影响腌制产品质量的主要因素是微生物引起的腐败、脂肪的氧化、肌肉组织的变化、蛋白质和氨基酸等肌肉成分的溶解。

盐渍工艺通常采用干盐、蒸盐、岩盐等。腌制方法有干腌法、腌制法和混合腌制法。一般来说，盐的浓度保持在饱和溶液之中（26%）。需要注意的是，在盐化过程之中，随着水的渗漏，盐溶液会被稀释。因此，在盐碱化过程之中，应加盐以保持盐的浓度。提高腌制温度可以缩短腌制时间，加速微生物和酶的作用，容易导致鱼类变质。因此，除了小鱼等原料容易渗透，能在短时间之内完成腌制过程之外，一般不倾向于高温下腌制。肥鱼和肉层较厚的鱼通常在 5～7℃腌制。鲜活水产品的最高含盐量不得超过原料重量的 32%～35%，成品的含盐量应为 10%～14%。

2. 熏蒸加工

熏蒸是食品加工和保存的传统方法，通常与腌制结合使用。在一定温度之下，将原料与熏蒸接触，同时烘干，使产品的含水量降低到所需的含量，使其具有独特的烟味和色泽，从而提高产品的保鲜性能。吸烟使产品具有烟熏味和独特的风味。它能吸收抗菌物质，防止腐败。加热干燥可以抑制细菌的活性和活性，形成独特的颜色，在产品表面形成保护膜以延长保质期。

熏蒸方法有四种：①冷熏蒸，15～30℃，7～21天；②温熏蒸，30～80℃，3～8小时；③热熏蒸，120～140℃，2～4小时；④电熏蒸，10000～20000 V高压直流或交流环境之下电晕放电，带电熏蒸在液体熏蒸之中能有效地渗入空气达到熏蒸效果，将烟气浓缩形成熏蒸液，直接加热代替木材，或将熏蒸液涂在鱼体之上进行熏蒸。

三、水产品加工技术发展趋势

(一)技术创新

未来，水产品加工技术更加注重智能化、自动化和绿色化。通过引入物联网、大数据等技术，实现水产品加工过程的智能化控制和管理。同时，加强生物技术的应用，开发新型水产品加工技术和产品，提高产品的附加值和市场竞争力。

(二)综合利用

未来，水产品加工更加注重原料的综合利用。通过提高加工比例和加工深度，充分利用水产品资源，开发新型高附加值产品。同时，加强废弃物的利用研究，开发废弃物利用技术和产品，实现资源的最大化利用。

(三)安全健康

随着消费者对食品安全和健康的关注度不断提高，水产品加工将更加注重产品的安全和健康。水产品加工将采用更加严格的卫生控制标准和杀菌消毒技术，确保产品的安全性和卫生性。同时，注重产品的营养和健康功能开发，满足消费者对健康食品的需求。

水产品加工技术是食品工业的重要组成部分，水产品加工技术将不断创新和发展，注重技术创新、综合利用和安全健康等方面的发展。通过加强技术创新和综合利用研究，提高水产品的加工比例和附加值，促进水产品加工行业的健康发展，满足消费者对高品质水产品的需求。

第八章　食品加工技术实践——以桑葚酒为例

第一节　桑葚发酵酒的加工技术

桑葚作为一种营养价值丰富的水果，不仅口感鲜美，而且具有多种保健功能。近年来，随着人们对健康饮食的追求和对果酒市场的不断开拓，桑葚发酵酒逐渐受到市场的青睐。

桑葚发酵酒是以新鲜桑葚为原料，经过破碎、发酵、陈酿等工艺制成的果酒。它继承了桑葚的营养成分和独特风味，同时又具有酒精的醇厚口感。桑葚发酵酒在果酒行业中一般被称为紫酒，是水果酒中的极品，具有滋补、养身、补血等功效。

一、原料处理

（一）采摘桑葚

第一，采摘时间。桑葚的采摘季节一般在春季末至初夏，具体时间为 5 月至 6 月之间。在这个时间段采摘的桑葚，新鲜度和口感都更有保证。

第二，采摘方法。挑选至少有半人高的桑树进行采摘，以避免弯腰过度导致的劳累。使用篮子、网兜等工具来装桑葚，方便携带和存放。如果桑树太高，可以借助梯子等工具进行采摘，并确保操作安全。采摘时要将树叶扒开才能看到桑葚，因此需要小心谨慎，避免损坏桑树。

（二）挑选桑葚

第一，成熟度。选择颜色深紫或紫红色的桑葚，这样的桑葚通常更成熟、口感更甜。应避免颜色过浅或带有绿色的桑葚，因为可能未完全成熟。注意选择那些颗粒饱满、果汁丰富的桑葚，这样的桑葚营养价值更高。

第二，外观。新鲜的桑葚表面应光滑有光泽，无明显的斑点、病虫害或腐烂现象。注意剔除那些破损或有污渍的桑葚，确保原料的清洁度。

第三，触感。轻轻捏一下桑葚，成熟且新鲜的果实会有轻微的弹性。如果感觉太软或者过于坚硬，可能表明果实存放时间过长或者未成熟。

第四，果柄。新鲜的桑葚会和果柄一起摘下，果柄应该是新鲜且呈碧绿色。果柄的状态也可以作为判断桑葚新鲜度的一个依据。

采摘与挑选桑葚是制作桑葚酒的关键步骤之一。通过正确的采摘方法和严格的挑选标准，可以确保获得高品质、新鲜度高的桑葚原料，为后续加工打下良好的基础。

（三）清洗桑葚

第一，准备清洗工具。清洗桑葚前，应准备好清洗池、清洗刷、筛网等工具，并确保这些工具干净、无污染。

第二，初步筛选。将采摘回来的桑葚进行初步筛选，去除明显的病虫害果、烂果和杂质。

第三，浸泡清洗。将筛选后的桑葚放入清洗池中，加入适量的清水。轻轻搅拌桑葚，使其在水中充分浸泡并旋转，以便去除表面的泥沙和污垢。注意水温不宜过高，以免破坏桑葚的营养成分和风味。

第四，刷洗。对于浸泡后仍然难以去除的污渍，可以使用清洗刷轻轻刷洗桑葚表面。注意力度要适中，避免损伤桑葚的果肉。

第五，漂洗。刷洗后，用清水反复漂洗桑葚，直至水变得清澈为止。这一步骤可以进一步去除桑葚表面的残留污渍和农药残留。

第六，消毒。为了确保桑葚的卫生质量，可以在清洗过程中加入适量的食品级消毒剂（如次氯酸钠溶液）进行消毒处理。但需注意消毒剂的浓度和浸泡时间，以免对桑葚造成不良影响。

（四）沥干桑葚

第一，自然沥干。将清洗后的桑葚放置在干净的筛网或篮子上，让其自然沥干水分。这种方法简单易行，但耗时较长。

第二，机械沥干。使用离心机等机械设备对桑葚进行沥干处理。这种方法效率高、速度快，但成本较高。

第三，注意事项。在沥干过程中，应避免阳光直射和高温环境，以免桑葚变质或营养成分流失。同时，要确保沥干设备的卫生状况良好，避免交叉污染。

清洗与沥干是桑葚加工过程中不可或缺的两个环节。通过正确的清洗方法和有效的沥干措施，可以确保桑葚的卫生质量和后续加工过程的顺利进行。在实际操作中，应根据具体情况选择合适的清洗和沥干方法，注意操作规范和安全卫生要求。

二、破碎与配料

(一) 破碎

第一，破碎目的。破碎是将桑葚从完整的果实状态变为破碎的果浆状态，以便更好地释放桑葚中的营养成分和风味物质，为后续的发酵过程做准备。

第二，破碎方法。一是使用破碎机。对于大规模的生产，可以使用专门的破碎机进行破碎。破碎机通常能够快速、均匀地破碎桑葚，提高生产效率。二是传统破碎方法。对于小规模的制作，可以采用传统的方法，如使用木制品工具将桑葚捣碎或压碎。这种方法虽然效率较低，但操作简便，适合家庭或小型作坊使用。

第三，破碎程度。破碎的程度应适中，既要确保桑葚充分破碎，释放出其中的营养成分和风味物质，又要避免过度破碎导致果肉过于细腻，影响后续发酵过程和酒的风味。

(二) 配料

第一，配料目的。配料是桑葚发酵酒制作过程中的关键步骤之一，通过添加适量的辅料来调整桑葚酒的口感、风味和品质。

第二，常用辅料。一是白糖。用于增加桑葚酒的甜度，提高口感。具体的添加量可以根据个人口味和原料的甜度来调整。二是偏重亚硫酸钾。作为防腐剂使用，可以抑制杂菌的生长，确保桑葚酒在发酵过程中的卫生安全。添加量应控制在一定范围内，避免过量使用而影响酒的品质。三是酵母。用于促进桑葚的发酵过程。可以添加培养旺盛的酵母液，也可以直接购买成品酵母进行添加。酵母的添加量应根据原料的量和发酵条件来确定。

第三，配料比例。白糖的添加量可以根据个人口味和原料的甜度来调整。一般来说，每100公斤桑葚可以添加10~20公斤白糖。偏重亚硫酸钾的具体添加量可以根据原料的量和发酵条件来确定。一般来说，每100公斤桑葚可以添加0.1~0.2公斤偏重亚硫酸钾。每100公斤桑葚可以添加1%~2%的酵母液或成品酵母。

第四，配料操作。在破碎后的桑葚果浆中加入适量的白糖、偏重亚硫酸钾和酵母液或成品酵母。搅拌均匀，确保辅料与桑葚果浆充分混合。将混合好的桑葚果浆倒入发酵容器中，进行后续的发酵过程。

三、发酵

(一) 主发酵

在桑葚发酵酒的整个生产流程中，主发酵阶段是核心环节。这一阶段的成功与否，直接关系到桑葚酒的品质和口感。主发酵是将破碎后的桑葚果浆与酵母混合后，在一定的温度和时间条件下进行的生物化学转化过程，旨在将桑葚中的糖分转化为酒精和二氧化碳。

1. 主发酵前的准备

第一，发酵容器的选择。发酵容器应选用食品级材料制成，如不锈钢、陶瓷或食品级塑料等，以确保发酵过程中不会与酒液发生化学反应，产生有害物质。同时，容器应具有良好的密封性和耐腐蚀性，能够承受发酵过程中产生的气体压力。

第二，发酵液的调配。在破碎后的桑葚果浆中加入适量的白糖、偏重亚硫酸钾等辅料，并搅拌均匀。辅料的添加量应根据桑葚的品种、成熟度以及目标产品的口感和品质要求来确定。

第三，酵母的活化与添加。将购买的酵母按照说明书进行活化处理，然后按照一定比例添加到发酵液中。酵母的添加量应控制在适宜范围内，过多或过少都会影响发酵效果。

2. 主发酵过程

第一，温度控制。主发酵阶段的温度应控制在 22～28℃，这是酵母生长和代谢的最佳温度范围。温度过高或过低都会影响酵母的活性，进而影响发酵速度和酒的品质。因此，在发酵过程中需要密切关注温度变化，并采取相应的措施进行调控。

第二，搅拌与通风。在发酵过程中，需要定期对发酵液进行搅拌，以促进酵母与糖分的充分接触和反应。同时，也需要保持发酵容器的通风良好，避免二氧化碳积累过多导致压力过大。

第三，发酵时间的控制。主发酵的时间一般为 3～5 天，具体时间取决于桑葚的品种、成熟度以及发酵温度等因素。在发酵过程中，需要密切关注发酵液的变化情况，如颜色、气味和泡沫等，以及时判断发酵是否完成。

3. 主发酵结束的判断

第一，观察气泡。当发酵液中的气泡逐渐减少或消失时，说明发酵已经接近尾声。

第二，测量酒精度。使用酒精度计测量发酵液的酒精度，当酒精度达到预定值时，可以判断主发酵已经完成。

第三，品尝风味。品尝发酵液的风味，如果口感醇厚、香气浓郁，且没有杂味或异味，也可以判断主发酵已经完成。

4. 主发酵后的处理

第一，分离与压榨。主发酵结束后，需要将发酵液中的桑葚渣与酒液进行分离。可以采用压榨机进行压榨操作，以提高桑葚酒的产量和品质。

第二，澄清与过滤。分离后的桑葚酒液可能含有一些悬浮物和沉淀物，需要进行澄清和过滤处理。可以使用澄清剂或过滤纸等材料进行澄清和过滤操作，以提高桑葚酒的清澈度和口感。

（二）后发酵

后发酵旨在进一步提高桑葚酒的口感和品质，通过缓慢的发酵过程，使酒液中的残余糖分继续转化为酒精，同时使酒液中的风味物质可以更好地融合和转化。

1. 后发酵的操作步骤

第一，转移酒液。在主发酵结束后，将酒液从发酵容器中转移至另一个干净的容器中，以进行后发酵。这一步骤有助于减少杂质和沉淀物的混入，提高桑葚酒的清澈度。

第二，控制温度。后发酵的温度一般控制在 20～25℃，这是酵母菌继续生长和代谢的适宜温度范围。温度过低会减缓发酵速度，而温度过高则可能导致酒液中的风味物质流失或产生不良风味。

第三，密封容器。在后发酵过程中，需要将容器密封好，以避免空气和杂菌的污染。同时，密封也有助于保持酒液中的二氧化碳含量，促进发酵的顺利进行。

第四，观察与记录。在后发酵过程中，需要定期观察酒液的变化情况，如颜色、气味和泡沫等。同时，还需要记录温度、湿度等环境因素的变化情况，以便及时调整发酵条件。

2. 后发酵的时间

后发酵的时间一般需要 1 个月以上，具体时间取决于桑葚酒的品种、原料的质量以及发酵条件等因素。在后发酵过程中，需要耐心等待酒液中的风味物质充分融合和转化，以获得口感更佳、品质更高的桑葚酒。

3. 后发酵结束的判断

第一，观察酒液。当酒液中的气泡逐渐减少或消失时，说明后发酵已经接近尾声。此时可以轻轻摇晃容器，观察酒液的流动性和清澈度是否达到预期要求。

第二，品尝风味。品尝桑葚酒的风味是判断后发酵是否结束的重要方法。当酒液口感醇厚、香气浓郁且没有杂味或异味时，说明后发酵已经完成。

4. 后发酵后的处理

在后发酵结束后，需要对桑葚酒进行澄清、过滤和储存等处理。澄清和过滤可以去除酒液中的悬浮物和沉淀物，提高桑葚酒的清澈度和口感。储存则需要将桑葚酒放置在阴凉、通风、干燥的地方，避免阳光直射和高温环境对酒液造成不良影响。同时，还需要定期检查酒液的储存情况，以确保桑葚酒的品质和口感可以长期保持。

四、澄清与陈酿

(一) 澄清

澄清的主要目的是去除桑葚酒中的杂质，使其呈现清澈透明的外观。这些杂质可能包括果肉碎片、果胶、蛋白质、酵母残骸等，它们会影响桑葚酒的口感和品质。通过澄清处理，可以使桑葚酒更加纯净、口感更佳。

1. 澄清的方法

第一，自然澄清。将桑葚酒放置在阴凉、通风、干燥的地方，让其自然沉淀。随着时间的推移，酒液中的杂质会逐渐沉降至容器底部，形成一层沉淀物。这种方法虽然简单，但耗时较长，通常需要数周甚至数月的时间。

第二，添加澄清剂。在桑葚酒中添加适量的澄清剂，如明胶、硅藻土、膨润土等，可以加速杂质的沉降。澄清剂能够吸附酒液中的悬浮物和沉淀物，使其迅速聚集并沉淀。这种方法操作简便、效果显著，但需要注意澄清剂的添加量和添加时间，以免对桑葚酒的风味和品质造成不良影响。

第三，过滤澄清。使用过滤设备对桑葚酒进行过滤处理，可以有效去除酒液中的杂质。过滤设备包括纱布、滤纸、滤膜等，它们能够阻挡酒液中的悬浮物和沉淀物，使酒液变得清澈透明。这种方法操作简便、效率高，但需要注意选择合适的过滤材料和过滤精度，以确保过滤后的桑葚酒品质稳定。

2. 澄清的注意事项

第一，选择合适的澄清方法。根据桑葚酒的具体情况选择合适的澄清方法。自然澄清适用于小规模生产或家庭自酿，而添加澄清剂和过滤澄清则适用于大规模生产。

第二，控制澄清剂的添加量和添加时间。如果使用添加澄清剂的方法，需要严格控制澄清剂的添加量和添加时间。过量添加澄清剂会影响桑葚酒的风味和品质，添加时间过早或过晚也会影响澄清效果。

第三，注意过滤材料和过滤精度的选择。如果使用过滤澄清的方法，需要选择合适的过滤材料和过滤精度。过滤材料应具有良好的吸附性能和过滤效果，过滤精度则需要根据桑葚酒的品质要求来确定。

3. 澄清后的处理

在澄清完成后，需要对桑葚酒进行进一步处理，如调整酒精度、调味、陈酿等。这些处理步骤可以根据具体的生产要求和消费者需求来进行调整和优化。最终得到的桑葚酒应具有清澈透明的外观、浓郁的香气和独特的口感。

（二）陈酿

陈酿的主要目的是通过长时间的储存，使桑葚酒中的风味物质更好地融合和转化，同时降低酒的辛辣感，使酒味变得更加柔和、醇厚。此外，陈酿还有助于提高桑葚酒的稳定性和保存期。

1. 陈酿的操作步骤

第一，选择容器。选择密封性好、耐腐蚀的容器，如陶罐、玻璃瓶或不锈钢桶等，用于储存桑葚酒。确保容器干净、无异味，以免对桑葚酒的品质造成影响。

第二，转移酒液。将澄清后的桑葚酒转移至选定的容器中，注意操作时要避免酒液与空气过度接触，以减少氧化作用对酒质的影响。

第三，密封容器。将容器密封好，确保无漏气现象。这有助于保持桑葚酒中的二氧化碳含量，促进酒液中的风味物质融合和转化。

2. 陈酿的时间

陈酿的时间因桑葚酒的品种、原料质量、酿造工艺等因素而异。一般来说，桑葚酒的陈酿时间至少需要几个月，甚至长达数年。在陈酿过程中，桑葚酒会经历一系列复杂的化学和物理变化，使酒味逐渐变得柔和、醇厚。

3. 陈酿过程中的注意事项

第一，温度控制。陈酿过程中，温度的控制至关重要。适宜的温度有助于促进酒液中的风味物质融合和转化，提高桑葚酒的品质。一般来说，陈酿温度应控制在 15 ~ 25℃。

第二，避免震动。震动会破坏桑葚酒中的分子结构，影响酒质的稳定性。因此，在陈酿过程中应尽量避免震动或移动容器。

第三，定期检查。定期检查陈酿中的桑葚酒，观察其颜色、气味和口感的变化。如发现异常情况，应及时采取措施进行处理。

4.陈酿后的处理

经过一段时间的陈酿后，桑葚酒的品质和口感会得到显著提升。此时，可以对桑葚酒进行进一步的调配、过滤和包装等处理，以满足不同消费者的需求。最终得到的桑葚酒应具有浓郁的香气、柔和的口感和独特的风格。

五、调配与装瓶

(一) 调配

桑葚发酵酒的加工技术中，调配是一个至关重要的环节，直接影响桑葚酒的品质和口感。

1.调配前的准备

第一，澄清处理。在调配前，首先需要对桑葚酒进行澄清处理，以去除其中的悬浮物和沉淀物，确保酒液的清澈透明。澄清处理可以采用冷、热或下胶处理等方法。

第二，分析测试。对澄清后的桑葚酒进行理化指标分析，如酒精度、总糖、总酸、挥发酸等，以了解酒液的基本性质。

2.调配步骤

第一，确定调配方案。根据桑葚酒的质量标准和口感要求，确定调配方案。这可能包括调整酒精度、糖度、酸度等。例如，如果桑葚酒的酒精度偏低，可以适量添加脱臭酒精来提高酒精度；如果糖度不够，可以添加蔗糖或糖浆来调整。

第二，添加调味料。根据调配方案，向桑葚酒中添加适量的调味料，如糖、酸、色素等。添加时要注意搅拌均匀，确保调味料在酒液中均匀分布。添加量的控制非常关键，过多或过少都会影响桑葚酒的口感和品质。

第三，混合均匀。调味料添加完毕后，用搅拌设备将桑葚酒充分搅拌均匀，确保调味料与酒液充分融合。

3.调配后的处理

第一，再次分析测试。调配完成后，再次对桑葚酒进行理化指标分析，以确保其符合质量标准和口感要求。

第二，储存。调配后的桑葚酒需要储存一段时间，以便让调味料与酒液更好地融合，同时也有助于酒液的稳定和成熟。储存时间通常为 1～3 个月。

4. 数字信息参考

第一，酒精度。桑葚酒的酒精度通常在 10.0%～16.0%（20℃）。在调配过程中，可以通过添加脱臭酒精来调整酒精度。

第二，糖度。桑葚酒的糖度可以根据口感要求进行调整。一般来说，糖度越高，酒的口感越甜。在调配时，可以添加蔗糖或糖浆来调整糖度。

第三，酸度。桑葚酒的酸度可以通过添加柠檬酸或其他有机酸来调整。适当的酸度可以增加酒的清爽感和口感层次。

5. 归纳

桑葚发酵酒的调配是一个精细的过程，需要综合考虑桑葚酒的基本性质、质量标准和口感要求。通过添加适量的调味料和调整工艺参数，可以制得口感丰富、品质优良的桑葚发酵酒。

（二）装瓶

1. 装瓶前准备

第一，酒液澄清与过滤。在装瓶前，需要对桑葚酒进行澄清处理和过滤，确保酒液的清澈度和无杂质。澄清处理可以采用冷、热或下胶处理等方法，过滤则通常使用多层纱布或其他过滤设备。

第二，酒液调配。根据桑葚酒的质量和口感等要求，进行必要的调配。这可能包括添加糖、酸、色素等成分，以调整酒的甜度、酸度和色泽。

2. 装瓶操作

第一，选择适合的酒瓶。酒瓶应干净、无破损，且具有良好的密封性。常见的酒瓶材质有玻璃和陶瓷等，可以根据酒的品质和市场需求进行选择。

第二，装瓶操作。将澄清、过滤并调配好的桑葚酒装入酒瓶中。在装瓶过程中，应确保酒液不溢出，且酒瓶内无气泡或杂质。

第三，密封酒瓶。酒瓶装满后，应立即进行密封。密封材料应选用符合食品安全要求的材质，如食品级橡胶塞或铝箔等。密封后应确保酒瓶口无漏气现象。

3. 装瓶后处理

第一，贴标与包装。在酒瓶上贴上标签，标明酒的品名、生产日期、保质期等信息。然后将酒瓶进行包装，以保护酒瓶不受损坏，并方便运输和储存。

第二，储存与运输。装瓶后的桑葚酒应储存在阴凉、干燥、通风的地方，避免阳光直射和高温。在运输过程中，应轻拿轻放，避免酒瓶破损或泄漏。

4. 归纳

桑葚发酵酒的加工技术在装瓶环节需要关注酒液的澄清、过滤和调配，以及选择适合的酒瓶和密封材料。在装瓶过程中，应确保酒液无溢出、无气泡和杂质，并立即进行密封。装瓶后，应进行贴标、包装和储存，以确保桑葚酒的品质和口感。

综上所述，桑葚发酵酒的加工技术涉及原料处理、破碎与配料、发酵、澄清与陈酿以及调配与装瓶等环节。每个环节都需要严格控制工艺参数和操作规范以确保产品的品质和口感。通过不断地研究和实践，可以进一步优化桑葚发酵酒的加工技术，提高其营养价值和市场竞争力。

第二节　桑葚蒸馏酒的加工技术

桑葚蒸馏酒作为桑葚深加工产品之一，不仅保留了桑葚的营养成分和风味特点，还赋予了酒独特的香气和口感。

一、桑葚蒸馏酒的基本要求

(一)桑葚的品质要求

第一，新鲜度。选择新鲜、无病虫害、无机械损伤的桑葚作为原料。新鲜的桑葚含有较高的果汁含量和营养成分，有利于后续的发酵和蒸馏过程。

第二，成熟度。桑葚的成熟度直接影响其口感和营养价值。应选择成熟度适中、颜色深紫或黑色的桑葚，这样的桑葚通常更成熟、口感更甜，也更适合用于蒸馏酒的制作。

第三，品种。不同品种的桑葚在口感、营养成分和香气上存在差异。因此，在原料选择时，可以根据目标产品的需求进行合理搭配，以获得更好的口感和品质。

(二) 桑葚的处理

第一，清洗。桑葚在采摘后应立即进行清洗，去除表面的泥沙和杂质。清洗时，可以使用流水冲洗，避免浸泡在水中，以免桑葚吸水过多导致口感变差。

第二，去梗。清洗后的桑葚需要去除果梗，以免在后续加工过程中影响口感和品质。去梗时，应保留完整的桑葚果实，避免损伤果肉。

第三，破碎。将去梗后的桑葚进行轻微的破碎处理，有利于后续的发酵过程。破碎时，应控制好力度和时间，避免过度破碎导致果肉破碎过多。

(三) 原料的配比

第一，桑葚与水的比例。在蒸馏酒的制作过程中，桑葚与水的比例会影响酒的口感和品质。桑葚与水的比例可以根据实际情况进行调整，以获得最佳的口感和品质。

第二，添加剂的使用。在桑葚蒸馏酒的制作过程中，可以根据需要添加适量的添加剂，如糖、酸等，以调整酒的口感和品质。添加剂的使用应严格控制用量和比例，避免影响桑葚蒸馏酒的品质。

二、桑葚蒸馏酒的发酵工艺

(一) 发酵前准备

桑葚酒在果酒行业一般被称紫酒，就是以优质桑果为原料酿造的一种新品类酒。它是水果酒之中的极品，具有滋补、养生及补血之功效。

1.原料选择与处理

第一，选择。选择成熟度适中、无病虫害、无机械损伤的桑葚作为原料。

第二，清洗。将桑葚放入流动的水中轻轻清洗，去除表面的泥沙和杂质，注意避免过度搓洗导致桑葚破损。

第三，沥干。将清洗后的桑葚放在干净的容器中，沥干水分，确保桑葚表面无生水残留。

2. 桑葚破碎

第一，破碎。将沥干后的桑葚放入搅拌机中破碎成泥状，或使用手动方式将桑葚捏碎，确保果汁充分释放。

第二，过滤（可选）。如果喜欢更清澈的口感，可以使用细网或纱布将桑葚果泥过滤，提取出果汁。

3. 调配与添加

第一，糖分。根据个人口味和酒品要求，向桑葚果汁中加入适量的白砂糖。通常，糖的比例可以根据桑葚的甜度进行调整，但一般建议糖度控制在 20%～25%。

第二，酵母。按照桑葚果汁的温度和浓度，添加适量的酵母（如水果酒曲）。酵母的添加量一般按 0.5% 的比例计算，即每 100 克桑葚果汁加入 0.5 克酵母。

4. 发酵容器准备

第一，选择。选择干净、无油、无水的玻璃或不锈钢容器作为发酵容器。这些材质有利于观察发酵过程，并且不会与酒液发生化学反应。

第二，消毒。对发酵容器进行彻底的消毒，可以使用热水或酒精擦拭容器内壁，确保容器内部无菌。

5. 混合与装瓶

第一，混合。将调配好的桑葚果汁与酵母充分混合，确保酵母均匀分布在果汁中。

第二，装瓶。将混合好的桑葚果汁倒入发酵容器中，注意不要装得过满，通常需要留出 1/3 的空间供发酵过程中产生的气体膨胀。

6. 发酵环境准备

第一，温度。将发酵容器放置在温度适宜（通常为 18～28℃）的地方进行发酵。如果温度过低，可以使用保温措施如包裹毛巾或棉被等；如果温度过高，可以放置在阴凉处或使用降温设备。

第二，避免震动。确保发酵容器放置在平稳的地方，避免震动对发酵过程的影响。

（二）发酵过程

桑葚蒸馏酒的发酵工艺中，发酵过程是关键环节之一。

1. 初始发酵阶段

第一，酵母活化。取适量酵母，按照酵母活化方法（如使用温水和糖溶液）进行活化，以提高酵母的活性。

第二，混合与装瓶。将活化好的酵母溶液倒入已经调配好的桑葚果汁中，并充分搅拌均匀。然后将混合液倒入发酵容器中，注意留出一定的空间供气体膨胀。

第三，温度控制。将发酵容器放置在温度适宜（通常为 18～28℃）的环境中，确保酵母在适宜的温度下生长繁殖。

2. 发酵过程

第一，初期发酵。在酵母的作用下，桑葚果汁开始发酵，产生二氧化碳和酒精。此时，发酵容器内的液体会产生气泡，并可能伴有轻微的响声。

第二，中期发酵。随着发酵的进行，桑葚果汁中的糖分逐渐被酵母消耗，酒精含量逐渐增加。此时，发酵速度会逐渐减缓，但仍需保持适宜的温度和避免震动。

第三，后期发酵。当大部分糖分被消耗完毕，发酵速度会进一步降低。此时，发酵容器内的液体开始变得澄清，酒精味逐渐浓郁。

3. 发酵管理

第一，观察与记录。在发酵过程中，需要定期观察发酵容器内的变化，如气泡产生情况、液体澄清程度等，记录下来以便后续分析。

第二，温度调整。如果环境温度过高或过低，需要采取相应的措施（如使用保温设备或降温设备）来保持适宜的温度。

第三，避免污染。确保发酵容器和工具的清洁无菌，避免杂菌污染影响发酵质量。

4. 发酵结束

第一，判断标准。当发酵容器内的液体变得澄清透明，且没有新的气泡产生时，可以认为发酵已经结束。此时，可以通过测量酒精度等方法来确认发酵效果。

第二，后续处理。发酵结束后，需要将发酵液进行过滤、澄清等处理，以去除固体残渣和悬浮物，提高酒的纯净度和口感。

（三）发酵结束

第一，观察气泡。当发酵容器内的液体不再产生新的气泡，或者气泡的产生明显减少时，这是一个重要的发酵结束的信号。

第二，液体澄清度。发酵结束后的桑葚酒液会变得相对澄清，不再像发酵初期那样浑浊。

第三，时间控制。根据发酵条件和配方，桑葚酒的发酵时间通常在 1~3 个月。达到预计的发酵时间后，应结合其他指标综合判断发酵是否结束。

第四，温度测量。如果发酵温度开始持续下降，且不再有明显波动，可能意味着发酵已经基本结束。

第五，糖分消耗。可以通过测量桑葚酒中的残糖含量来判断发酵是否结束。一般来说，当残糖含量降至 0.2% 以下时，发酵基本结束。

第六，分离与过滤。发酵结束后，需要将桑葚酒与固体残渣（如皮渣）进行分离。这可以通过纱布、白土布或其他不锈钢设备过滤来实现。

第七，澄清处理。在后发酵阶段结束后，为了获得更清澈的桑葚酒，可以进行澄清处理。常用的澄清剂包括明胶、蛋清和硅藻土等。

第八，陈酿。桑葚酒在装瓶前，通常需要经过一段时间的陈酿，以提高口感和风味。陈酿时间的长短可以根据个人口味和酒品要求来确定，但一般需要半年以上。

第九，装瓶与储存。澄清处理后的桑葚酒可以装瓶储存。储存时应选择阴凉、干燥、避光的地方。

桑葚蒸馏酒的发酵结束是一个综合判断的过程，需要结合气泡、液体澄清度、时间、温度和糖分消耗等指标来判断。发酵结束后，需要进行适当的后续处理，包括分离过滤、澄清处理、陈酿和装瓶储存等步骤，以获得品质优良的桑葚蒸馏酒。

三、桑葚蒸馏酒的蒸馏工艺

第一，蒸馏设备。蒸馏设备是桑葚蒸馏酒生产中的关键设备之一。常用的蒸馏设备包括蒸馏釜、冷凝器、接收器等。蒸馏设备应具有良好的密封性和耐腐蚀性，以确保蒸馏过程的顺利进行。

第二，蒸馏操作。将发酵好的桑葚泥倒入蒸馏釜中，加热至沸腾后进行蒸馏。蒸馏过程中应注意控制温度和速度，以确保酒精和其他风味成分的充分提取。一般来说，蒸馏温度控制在78~82℃，蒸馏速度以每秒2~3滴为宜。

第三，接收与储存。蒸馏出的桑葚蒸馏酒应收集在干净的接收器中，并进行初步的澄清和过滤处理。随后将酒液转移至储酒容器中，密封后放置在阴凉、干燥、通风的地方进行储存。

桑葚蒸馏酒作为一种具有独特风味和营养价值的饮品，在市场上具有广阔的发展前景。通过优化原料选择与处理、发酵工艺和蒸馏工艺等关键技术环节，可以制得品质优良、口感独特的桑葚蒸馏酒。同时，加强质量控制和卫生管理也是确保桑葚蒸馏酒品质和安全性的重要保障。

第三节 桑葚浸泡酒的加工技术

桑葚浸泡酒的加工技术是一种较为简便的传统酿造方式，通过将新鲜或干燥的桑葚果实浸泡于基酒中，借助酒精的提取作用，使桑葚中的色素、香气成分、多酚类物质等有效成分溶解于酒液中，形成具有独特风味和一定健康价值的饮品。

一、浸泡液的制备

(一)基酒选择

在制备桑葚浸泡酒时，基酒的选择至关重要，因为它直接关系到成品酒的风味、香气以及能否有效提取桑葚中的有益成分。应选择优质、口感好的白酒或食用酒等作为基酒。

1.纯粮食酒

优先考虑使用纯粮食酒作为基酒，尤其是那些无添加、无香精的酒类。

纯粮食酒因其纯净的口感和较高的酒精度，能更好地溶解桑葚中的花青素、维生素和其他活性成分，同时减少杂味干扰，使浸泡酒的风味更为纯粹、自然。

2. 清香型白酒

谷养康无添加泡酒专用酒是一个推荐的选择，属于清香型白酒，其特点是酸类、脂类物质含量较少，这样的酒体能更好地让药材或水果中的有效成分析出，同时其高度酒精度也有助于杀菌，保证浸泡过程中的卫生安全。

3. 米酒

对于偏好柔和口感的人群，可以选择米酒作为基酒。例如，某款浸泡酒使用的便是自家酿制的米酒，这种基酒能带来更为温和、甜润的风味，适合不喜欢高度酒刺激性的消费者。需要注意的是，米酒酒精度较低，可能不如高度酒那样能有效提取和保存桑葚的全部营养成分。

（二）浸泡液配方

原料：新鲜桑葚 10 斤（约 5 公斤）、冰糖 2 斤（约 1 公斤）、白酒（推荐清香型或纯粮食酒）20 斤（约 10 公斤）。

制作步骤：①准备桑葚。挑选新鲜、成熟且无损坏的桑葚，洗净后晾干或用厨房纸巾吸干水分，去掉果柄。②准备容器。选用干净无油无水的玻璃罐或陶瓷罐，可事先用少量白酒涮洗罐内，以消毒并提升酒的稳定性。③放置材料。在罐底先铺一层桑葚，然后撒上一层冰糖，重复此步骤直至达到容器的约七成满，最后倒入白酒，确保桑葚完全被酒液覆盖。④封存发酵。将容器密封，放置在阴凉干燥处，每隔几天轻轻摇晃一次，以促进成分均匀释放。通常建议静置至少 1 个月，更佳风味则需 3 个月甚至 1 年以上。⑤过滤享用。待浸泡时间足够后，通过纱布或滤网过滤掉桑葚和杂质，得到清澈的桑葚酒，即可装瓶饮用。

变化配方示例：①增强版。可按照个人喜好加入适量的红枣、枸杞等辅料，增加酒的营养价值和风味。②药膳配方。比如牛蒡桑葚酒，加入牛蒡子、牛膝、生地黄、枸杞子、大麻子等中药材，根据传统药酒方制作，注重养生保健功能。

二、浸泡过程

(一) 浸泡方式

桑葚浸泡酒的加工技术关键在于有效地提取桑葚中的营养成分和风味，同时保证酒的品质和安全性。可采用冷浸法或热浸法。冷浸法是将桑葚与浸泡液混合后，在室温下浸泡数周至数月；热浸法则是在一定温度下浸泡，以加快有效成分的溶出。

第一，直接浸泡法。将清洗干净并晾干的新鲜或干桑葚直接放入已经消毒的玻璃瓶或陶瓷罐中，加入适量的冰糖 (按个人口味调整)，最后倒入选定的基酒 (通常是高浓度的白酒)，确保桑葚完全被酒液淹没。要注意容器必须无油无水，密封性良好，以防止污染和酒精挥发。放置于阴凉避光处，定期轻微摇晃容器以促进成分均匀溶解。

第二，煮制预处理浸泡法。将桑葚稍微煮沸或蒸制几分钟，目的是软化果实，促进营养成分的释放，然后冷却。再按照直接浸泡法的步骤操作。煮制或蒸制可以加速桑葚中色素和营养物质的溶出，缩短浸泡周期，但需注意不要过度加热以免破坏营养成分。

第三，冷冻预处理浸泡法。将桑葚洗净后冷冻一段时间，解冻后再进行浸泡。冷冻有助于细胞壁破裂，提高浸泡效率。不需要加热，保留了桑葚的原始风味和营养，同时也简化了流程。

(二) 浸泡时间与温度

桑葚浸泡酒的浸泡时间和温度是影响酒质、口感与保存的关键因素。一般建议桑葚泡酒时间为 2 周左右，这个时间段基本能够达到果酒的适饮状态，既有桑葚的果香，又有酒的醇厚。浸泡时间并非固定不变，根据个人口味和酒体变化，可适当调整。有的人可能偏好更长时间的浸泡以获得更浓郁的风味，但最长不宜超过 3 个月，因为过长时间的浸泡可能导致酒味过于苦涩，甚至变质。

如果在夏季制作，由于温度较高，浸泡时间可以缩短至 5～7 天，以防止酒液快速发酵或变质。冬季温度较低，微生物活动减缓，浸泡时间可能需要延长至15~30天，以确保桑葚中的有效成分充分释放。

环境温度和容器的密封性也会影响浸泡效果。在低温环境下（理想保存温度15℃以下），发酵过程会较慢，可能需要接近一个月；而在较高温（如25℃以上）环境中，由于微生物活动加剧，虽然发酵速度加快，但也增加了酒液被氧化的风险，同样建议密切监控，1个月左右查看是否已达到满意口感。使用密封性良好的玻璃容器可以有效保持酒的品质，减少外界污染，同时在低温条件下保存，可以延长浸泡时间而不至于过快变质。

(三) 搅拌与观察

在制作桑葚浸泡酒的过程中，搅拌与观察是非常重要的两个环节，直接影响酒的品质和风味的形成。

通过搅拌可以帮助酒液与桑葚充分混合，使桑葚中的色素、香气成分及微量营养素均匀溶解到酒中，避免沉淀集中在底部。而且，适度搅拌能促进酒液渗透桑葚果实内部，加速有效成分的释放，缩短浸泡时间，尤其是在初期浸泡阶段更为重要。虽然在封闭良好的情况下霉变风险较小，但适时搅拌可以确保酒液覆盖所有桑葚，减少表面霉菌生长的可能性。

搅拌之后，要随时观察酒液颜色的变化。随着时间推移，桑葚的颜色会逐渐渗入酒中，颜色从浅转深，是判断浸泡进度的一个直观指标。要定期打开容器（初期频繁，后期减少次数），闻一闻是否有不正常的酸臭味或其他不良气味，这可能是污染的迹象。在不同阶段尝一小口，感受酒体的甜度、酸度以及桑葚风味的融合程度，据此调整后续的浸泡策略。

注意搅拌和观察时确保手部清洁，使用干净的工具，避免引入细菌。观察应在清洁环境下进行，尽量减少开启容器的次数，特别是当酒液已经澄清后，以降低氧气接触导致的氧化风险。

三、过滤与澄清

过滤即将浸泡好的桑葚酒进行过滤，去除桑葚残渣和杂质。纱布过滤法是最传统的方法之一，将浸泡好的酒液缓慢倒入铺有数层干净纱布的漏斗或过滤装置中，让酒液自然过滤，可以轻轻挤压纱布以助于酒液流出，但需避免过分挤压以免将渣滓挤入酒液。

澄清则是将过滤后的桑葚酒进行澄清处理，可采用活性炭吸附、硅藻土过滤等方法去除悬浮物和色素等杂质。

结合使用自然澄清、冷冻澄清等方法往往可以获得最佳澄清效果。例如，先自然静置一段时间，再使用澄清剂加速过程，最后通过精细过滤确保酒体清澈。在使用任何澄清剂之前，建议先做小规模试验，确认对酒的风味和颜色无不良影响。澄清后，避免剧烈摇晃或移动容器，以防止已沉降的杂质重新悬浮。

在澄清和过滤过程中，每次转移酒液时都应尽量减少空气接触，避免氧化，保持酒的鲜度和风味。

四、调配与陈酿

调配要根据产品要求和个人口味，对桑葚酒进行调配，可添加适量的果汁、蜂蜜等成分以增加口感和营养价值。比如酸度调整，若酒体过于酸涩，可以通过加入少量的碳酸钙粉或酒石酸钾（需谨慎使用）来中和酸度。也可以通过稀释或增加甜度间接降低酸感。如果酒体平淡，缺乏活力，可适量加入柠檬酸或苹果酸溶液，但这种情况在桑葚酒中较少见，因为桑葚本身含有一定量的果酸。

陈酿即把调配好的桑葚酒装入陶罐或玻璃瓶中进行陈酿，陈酿时间一般为 3～6 个月。陈酿过程中，桑葚酒的品质会得到进一步提升。

陈酿过程中避免频繁开瓶检查，以免影响酒的稳定性和成熟度。高品质的桑葚浸泡酒陈年潜力更强，长期陈酿（几年）可能带来更复杂的风味，但需谨慎评估容器的密封性和环境条件。通过科学合理的陈酿，桑葚浸泡酒不仅能够展现更加丰富细腻的风味，还能提升整体的饮用体验，是制作高品质果酒不可或缺的一步。

结 束 语

食品检验检测与加工技术是确保食品安全、提升产品质量和满足消费者需求的两大支柱，二者紧密相连，共同促进食品工业的健康发展。总结而言，本书对食品检验检测与加工技术应用研究得出的结论主要有以下三个方面。

第一，食品加工就是对食品本身的原材料以及半成品进行一定程度的化学和物理处理，生产出符合人们需求的产品。在整个生产过程中，对于资料的利用以及机械工业化的依赖程度是无法避免的，因此对环境产生了一定程度的影响，造成了环境破坏。虽然食品加工行业比其他的重工业对于废弃物的排放量较小，但仍然有着污染环境的缺点，而且随着食品加工行业的快速发展和规模的扩大，对资源和能源的需求变得更加旺盛，对于环境的污染情况更加严重。为了响应我国可持续发展战略以及保护环境的政策，食品加工行业在进行工作时，要注重对于环境的保护以及资源和能源的利用，积极提高利用率，节约资源，对废弃物的处理要采取科学合理的办法，减少对环境造成的破坏。

第二，要做好质量控制工作，就要做到事前防控、事中监督、事后处理，逐步建立全时度、全方位、全角度的质控体系，使检验检测过程向规范化、制度化、标准化、量值可溯源化发展，以科学充分的质量控制来保证实验结果的准确性。同时，要做好科学合理的质量控制计划，加强质控培训，使实验人员养成良好的质控素养，实验室形成可防范差错检验事故发生的质控机制。

第三，新型食品加工技术对食品的营养与品质有着深远的影响。热处理技术中，超高压处理能够保持食品的颜色、营养成分和口感，为食品的保鲜和提高其抗氧化能力提供了可能。电子束辐照技术在保持食品营养成分的同时，能有效杀菌，确保食品的安全。然而，在使用微波辐射技术时需要注意温度和加热时间的控制，以避免对食品品质和营养价值的损害。尽管新型食品加工技术带来了许多好处，但仍需警惕其中的潜在风险。在推广和应用新型食品加工技术时，科学家、政府和企业应加强研究和监管，确保食品加工过程中的安全和有效性。只有这样，才能更好地利用新型食品加工技术，为人类提供更安全、营养且品质上乘的食品。

  以上就是本书对食品检验检测与加工技术应用研究得出的一些结论。由于时间和学术水平有限，关键点的论述不够全面，还存在诸多不足，这些都是笔者在未来一段时间需努力加以补充的内容。

参考文献

[1] 郭书爱. 坚果炒货食品加工技术探讨 [J]. 现代食品，2019(14)：5.

[2] 曹娅，张冠群. 新食品加工技术对食品营养的影响 [J]. 食品安全导刊，2021(22)：23.

[3] 唐冠宁. 食品加工技术对食品安全及营养的影响分析 [J]. 食品安全导刊，2022(26)：69.

[4] 吴晶. 新食品加工技术对食品营养的影响 [J]. 食品安全导刊，2022(30)：47.

[5] 焦晟. 坚果炒货食品加工技术探讨 [J]. 商品与质量，2020(6)：82.

[6] 余永建. 桑葚果醋液态深层发酵工艺的研究 [J]. 中国酿造，2010(11)：34.

[7] 黎梅，冉晓鸿. 桑葚酒的酿制工艺 [J]. 酿酒科技，2003(6).

[8] 程云燕，苏艳华，黄树文，等. 广西干型桑葚酒的研制 [J]. 广西职业技术学院学报，2010(3)：1-3.

[9] 徐辉艳，濮智颖，王汉屏，等. 桑葚果醋发酵工艺条件的研究 [J]. 食品工业科技，2009(2)：12.

[10] 董建方. 黑枸杞果酒的酿造工艺研究 [J]. 酿酒科技，2019(10)：22.

[11] 李艳. 干红葡萄酒色泽的形成 [J]. 中外葡萄与葡萄酒，2003(3)：18.

[12] 孙中理，王超凯，彭奎，等. 桑葚果酒主发酵温度控制对产品质量的影响 [J]. 酿酒科技，2017(18)：41.

[13] 张敏，杨玉珍，李擎，等. 白酒中主要醇类和醛类代谢途径与饮用健康的分析研究 [J]. 酿酒科技，2017(1)：34.

[14] 张秋，范光森，李秀婷. 我国白酒质量安全现状浅析 [J]. 中国酿造，2016(11)：80.

[15] 王宓，锁然，赵然，等．发酵条件对红枣白兰地原料酒杂醇油的影响 [J]．酿酒科技，2016(8)：17.

[16] 李杰民，刘国明，吴翠琼，等．发酵条件对桑葚白兰地原料酒杂醇油的影响 [J]．酿酒科技，2016(12)：12.

[17] 曾朝珍，张永茂，康三江，等．发酵酒中高级醇的研究进展 [J]．中国酿造，2015(5)：70.

[18] 周青，吴继军，徐玉娟，等．果渣含量及杀菌方式对桑葚蒸馏酒高级醇的影响 [J]．湖北农业科学，2014(12)：10-15.

[19] 李宗永，刘国林．高级醇影响因素的工艺优化 [J]．啤酒科技，2013(11)：61.

[20] 朱会霞．发酵条件对葡萄酒中高级醇的影响研究 [J]．酿酒科技，2013(4)：57.

[21] 徐辉艳．胡萝卜柑橘汁复合保健饮料加工工艺研究 [J]．现代农业科技，2017(8)：59.

[22] 张伦，李映萌．菠萝与红心火龙果混合果酒酿造工艺研究 [J]．楚雄师范学院学报，2019(3)：54.

[23] 张荣现，赵科柯．我国农产品质量安全监管制度的法律困境与对策 [J]．安徽农业科学，2011(39)：55-60.

[24] 康倩．农产品质量安全的影响因素及对策分析 [J]．中国果菜，2018(1)：34-35.

[25] 高鸣，迟亮，宋洪远．发达国家保障农产品质量安全的经验与启示 [J]．世界农业，2018(05)：725-733.

[26] 王永琦．我国农产品质量安全检验检测体系的现状与对策分析 [J]．农业经济研究，2019(3)：60-63.

[27] 余达泽．农产品质量安全检测中的分析化学方法与技术 [J]．工程建设与发展，2023(10)：19-28.

[28] 刘雪萍．农产品农药残留快速检测方法 [J]．农家致富顾问，2021(6)：11.

[29] 叶永和．论农产品质量抽样方法与抽样检测 [J]．轻工标准与质量，2021(6)：53.

[30] 李怡佳，李昱．农产品中重金属元素前处理与检测方法探讨 [J]．农家参谋，2022（8）：7-9．

[31] 杨振．当前农产品农药残留检测中的问题与应对方法 [J]．食品安全导刊，2022（1）：10．

[32] 杨阳，彭晓晓．简述农产品中农药残留检测前处理方法 [J]．河南农业，2023（7）：32．

[33] 张明．食用农产品农药残留快速检测方法探讨 [J]．现代食品，2023（16）：19．

[34] 杨红玲．农产品质量检测检验抽样过程中控制现场的原则和方法 [J]．数字农业与智能农机，2023（6）：21-26．

[35] 林秀霞．关于食品检测样品制样的方法探讨 [J]．现代食品，2023（18）：88．

[36] 赵阳．食品检测样品管理研究 [J]．食品安全导刊，2023（7）：74．

[37] 朱菁，黄秀彦，潘虹．关于食品检测样品管理的方法探讨 [J]．肉类工业，2021（12）：17．

[38] 鹿文婷，许海平．食品农药残留检测样品的前置处理技术 [J]．食品安全导刊，2023（21）：42．

[39] 张凤香．现代检测技术在食品检测中的应用 [J]．现代食品，2024（3）：18．

[40] 赵荣华，陈如影，何宏骏．转基因植物食品检测技术研究 [J]．现代食品，2024（4）：25．

[41] 张静．农药残留检测技术在食品检测中的应用分析 [J]．现代食品，2024（2）：49-51．

[42] 邓茂．微生物检测技术在食品检测中的应用研究 [J]．现代食品，2024（4）：33．

[43] 刘瑞福，张霞．浅析食品安全快速检测仪器在食品检测中的应用 [J]．现代食品，2024（2）：98．

[44] 梁好．食品快检技术在食品检测中的应用 [J]．食品安全导刊，2024（9）：9-11．

[45] 张霞，刘瑞福．食品检测机构的质量控制及报告审核策略分析 [J]．

现代食品，2024（4）：30.

[46] 于翠翠，曲军霞，徐宏楠.浅析食品检测技术在保健食品质量控制中的应用 [J].现代食品，2024（4）：65.

[47] 黄鹏.基于荧光光谱技术的食品检测研究 [J].食品安全导刊，2024（6）：20.

[48] 习林哲.食品检测对保障食品安全意义的探究 [J].食品安全导刊，2024（2）：63.

[49] 冯锋.食品加工中机械自动化技术的应用研究 [J].现代食品，2024（2）：12.

[50] 王炳鲜.食品加工中常见的食品安全问题及解决方案研究 [J].食品安全导刊，2024（7）：64.